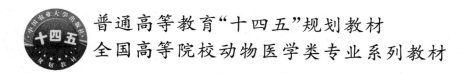

普通高等教育"十四五"规划教材

全国高等院校动物医学类专业系列教材

动物病理诊断技术

佘锐萍　　刘天龙　　主编

王雯慧　　田纪景　　常玲玲　　董彦君　　副主编

U0219143

中国农业大学出版社

·北京·

内 容 简 介

本书不仅系统介绍了常用动物病理诊断技术的理论知识,包括病理剖检诊断技术、组织病理学观察诊断技术等,还对新兴的诊断技术如电镜细胞化学、激光共聚焦显微镜技术、虚拟仿真技术等进行了介绍。本书对病理诊断技术的具体操作进行了详细阐述,图文并茂,内容丰富,利用信息技术,实现纸质与数字资源相融合,读者可实现在线学习,使学习过程更生动、更形象。本书不但可以作为兽医专业本科生课程"动物病理剖检诊断技术"教材,满足本科生教学需要,还可作为兽医工作者的参考用书。

图书在版编目(CIP)数据

动物病理诊断技术/佘锐萍,刘天龙主编. --北京:中国农业大学出版社,2020.11
ISBN 978-7-5655-2463-9

Ⅰ.①动… Ⅱ.①佘… ②刘… Ⅲ.①兽医学－病理学－诊断学－高等学校－教材
Ⅳ.①S852.3

中国版本图书馆 CIP 数据核字(2020)第 217886 号

书 名	动物病理诊断技术		
作 者	佘锐萍 刘天龙 主编		

策划编辑	张 程	责任编辑	张 程
封面设计	郑 川		
出版发行	中国农业大学出版社		
社 址	北京市海淀区圆明园西路 2 号	邮政编码	100193
电 话	发行部 010-62733489,1190	读者服务部	010-62732336
	编辑部 010-62732617,2618	出 版 部	010-62733440
网 址	http://www.caupress.cn	E-mail	cbsszs@cau.edu.cn
经 销	新华书店		
印 刷	涿州市星河印刷有限公司		
版 次	2020 年 11 月第 1 版 2020 年 11 月第 1 次印刷		
规 格	185 mm×260 mm 16 开本 9.25 印张 229 千字 彩插 3		
定 价	58.00 元		

图书如有质量问题本社发行部负责调换

编写人员

主　编　佘锐萍　刘天龙

副主编　王雯慧　田纪景　常玲玲　董彦君

编　者（以姓氏笔画为序）

丁　叶　王自力　王雯慧　毛晶晶　尹　君　石火英　石蕊寒
田纪景　包汇慧　宁章勇　刘　波　刘天龙　汤　金　许江城
孙　斌　阳　月　杜　芳　杨依霏　杨金玲　肖　鹏　吴桥兴
何亚男　佘锐萍　张凡建　张书霞　赵　月　胡薛英　高　洪
常玲玲　彭开松　董彦君

前　言

　　动物病理学作为动物医学的桥梁学科,联系着临床兽医学和基础兽医学,是现代动物医学的重要组成部分。动物病理诊断技术是动物病理学的重要组成内容,它的任务主要是研究动物疾病的病变特点,做出疾病的病理学诊断和鉴别诊断,直接为临床疾病防治服务。病理诊断通过直接观测器官、组织和细胞病变特征做出疾病诊断;因此与临床的分析性诊断和影像学诊断相比,它更具直观性、客观性和准确性的特点。掌握全面又规范的病理诊断技术,是新时代每一位兽医工作者的必备能力之一。

　　近年来,兽医病理学在兽医学中的地位逐渐受到人们的重视,在兽医病理学领域涌现了大批优秀的理论教学教材,但关于兽医病理剖检诊断技术的教材一直匮乏。中国农业大学 范国雄 教授、佘锐萍教授,云南农业大学高洪教授,甘肃农业大学王雯慧教授等多位知名病理学家一直关注我国病理诊断技术的发展,有感于相关教材的缺乏,为教材出版付出很大努力,终于在 2020 年汇集国内多名病理学教师一起编撰了本教材。本教材编写人员响应党中央"打造培根铸魂、启智增慧的精品教材"的号召,继承病理学前辈们实事求是、知行合一的优良治学传统,发扬推进改革、不忘初心、与时俱进的求学精神,力求奉献一本内容丰富、制作精美的精品教材。

　　随着近代医学科学的发展,尤其是一些新兴学科的涌现,病理诊断也产生了新的方法和技术,本书对这些新技术进行了详细介绍。电镜细胞化学是在细胞超微结构原位上显示化学成分和化学反应,特别是用于显示酶活性的崭新的一类技术方法,它是电镜技术与细胞化学结合的产物,是组织化学技术的延续和发展;它采用了在超微水平上观察细胞内化学物质的技术,并在此基础上进一步阐明生理和病理状态下的生化代谢改变,是电镜技术、细胞学与生物化学等相结合而形成的一门边缘学科。近年来,虚拟仿真技术在医学和动物类学科中的应用得到人们的关注,尤其是在当前教学资源短缺、剖检尸体材料有限的客观条件下,虚拟仿真技术与动物病理诊断技术的结合成为大势所趋。利用虚拟仿真技术,可以对恶性传染病的病例进行虚拟现实化分析,还可以对珍稀动物的病例进行数字化虚拟处理,对珍稀野生动物疾病病例进行归纳、整理。对以上新兴技术的介绍是本教材的创新点之一,也是对以往出版的本类图书在内容上的重要补充。

本书既有系统的理论阐述,又有具体的方法描述,图文并茂,内容丰富,重要章节的部分内容配有相关视频,读者可通过二维码扫描浏览、学习。除此之外,本书还配有彩色插图,供读者学习使用。更多学习资源可扫描底封刮刮码。本书可以作为兽医专业本科生"动物病理剖检诊断技术"的课程教材,也可以作为兽医专业研究生的选用教材,同时还可以作为其他生物医学相关专业的科研工作者及基层兽医工作者的参考用书。

本书由佘锐萍教授对全书进行统筹、布局,10 余所农业高等院校一线教师参与编写。在本书的编写过程中,编者得到了动物病理相关专业的专家、教授以及从业人士的大力支持与协助,他们对本书提出了许多宝贵的意见与建议,在此表示衷心感谢。由于编者水平有限,书中可能存在不足之处,敬请同行和读者提出宝贵意见。

编　者

2020 年 6 月

目　录

第一章
动物病理学观察研究方法概述

第一节　动物病理学研究方法概述

一、尸体剖检

尸体剖检（autopsy）简称尸检，它是应用病理学有关知识和技术剖检死亡畜禽尸体的各种变化。它是病理学最基本的研究方法之一。通过尸体剖检可以查出病变和病因，分析各种病变的主次和相互关系，确定诊断，查明死因，以利于临床及时总结经验，改进和提高临床诊疗水平。同时，通过尸体剖检还可以尽快发现和确诊某些传染病、寄生虫病和新发生的疾病，为防疫部门及时采取防治措施提供依据。另外，通过尸体剖检广泛收集的各种疾病的病理标本和病理资料，可以为揭示和深入研究某些疑难病症的发病机理并最终控制疾病提供重要的基础资料。尸体剖检的优点是：可全面、系统地检查；可随意取材；不受时间限制，诊断结果全面、确切；对死因的分析客观、可信。所以，它不仅可以总结经验、提高诊疗水平，有助于解决医疗纠纷、法医纠纷，而且在积累系统的病理资料、认识新病种及发展医学等方面，也做出了巨大贡献。其缺点是：①组织细胞的死后变化，会不同程度地影响酶类、抗原、超微结构以及组织细胞形态的检查；②尸检所检查的多为静止于死前的晚期病变，无法观察早期病变及其动态变化过程。

二、活体组织检查

活体组织检查（biopsy）简称活检，即用局部切取、细针吸取、钳取、搔刮和手术摘取等方法，从患病动物活体获取病变组织进行病理检查。活体组织检查的优点是材料新鲜；保持活组织状态，可以在疾病的各个阶段取材。缺点是不能在活体动物身上任意取材，不能做全面系统的检查；取材有局限性。

此方法在人医临床上是非常常用的病理诊断方法，尤其是肿瘤病的诊断。在兽医临床上，国外已普遍应用，国内也已开始应用。如在动物医院宠物的肿瘤病、皮肤病、某些消化道疾病的诊断中；在畜禽的某些群发病诊断中，也可用活体组织检查法，如患有口蹄疫或水疱病的动物可取水疱液做检查。对珍稀动物的疾病诊断（如大熊猫），活体组织检查则更具优势。

三、细胞学检查

细胞学检查(cytology)即对从患病动物体内收集来的细胞进行细胞学检查,又称脱落细胞学或涂抹细胞学检查,是通过采取病变处脱落的细胞,涂片染色后进行细胞学检查。细胞的来源可以是应用各种采集器在生殖道、食道、鼻咽部等病变部位直接采集的脱落细胞,也可以是自然分泌物、渗出物及排泄物(如尿)中的细胞或用细针直接穿刺病变部位所吸取的细胞。例如取血液制作成血细胞涂片;取口腔分泌物、消化道排泄物作涂/抹片,直接或经染色后在显微镜下观察。细胞学检查的优点是方法简易、病体痛苦小。缺点是取材受限、脱落细胞常有变性、细胞分散、没有组织结构等现象,使诊断受到一定的限制(包括血液细胞)。

上述 3 种方法是病理学研究和病理诊断中最基本、最重要、最常用的方法。国外把这 3 种研究方法喻为病理科室和病理医学的"ABC"。

四、人工培养的活体标本——器官、组织或细胞培养

器官、组织或细胞培养(tissue or cell culture),是指从人体或动物体内采取活的器官、组织或单细胞,用适宜的培养基(液)和创造相似于体内环境的其他条件,在体外进行培养并进行各种研究的技术方法。此类方法是生物医学各个领域常用的研究技术之一。在病理学研究中,此方法可以研究在各种病因的作用下细胞、组织病变的发生和发展的动态过程和规律。根据研究的目的和条件的不同,培养的标本可以是细胞水平的,也可以是组织水平或半器官、器官水平。器官、组织或细胞培养的优点是体外培养条件单纯、容易控制,可以避免体内复杂因素的干扰,故有利于分析结果和得出结论;相比动物实验和本体观察周期短、见效快、节省时间、节省开支。其缺点是体外人工环境与体内环境有区别,而且脱离了机体整体的神经、体液等因素的调控,所以其研究结果不可能与体内过程完全一致;另外,体外培养要求一定的设备、严格的环境和技术条件,一般实验室不易达到。

五、动物实验——复制动物和人类疾病模型

动物实验——复制动物和人类疾病模型(experimental with animal model)是指在人为控制条件下,运用动物实验的方法,在适宜动物身上复制动物和人类的某些疾病的模型;是生物医学的各个领域均可利用的技术方法之一。实验动物有"活试剂"或"活天平"之誉,是生物医学研究的重要基础和条件之一。动物实验也是微生物学检验中常用的五大基本技术之一,在病原微生物的分离、鉴定、毒力测定、生物制品制造等方面都具有十分重要的参考价值。

通过复制疾病过程可以研究疾病的病因学、发病学、病理变化及疾病的转归。并可根据研究的需要,对其进行各种方式的观察研究。动物实验的优点是可以不受任何限制地按研究者的主观设计进行研究。可以任意控制实验条件、任意施加有害的影响因素;可以随时和任意取材活检和处死尸检。其缺点是动物与人之间及不同动物之间存在种属差异,因而不能把动物实验的研究结果不加分析、无条件地直接套用于人或相应的动物身上,仅可为人体疾病的研究提供参考。

六、血清学检测

细菌病原的抗原与相应抗体无论在体内或体外均能发生特异性结合,并根据抗原的性质、

反应的条件和其他参与反应的因素,表现出的各种反应,统称为免疫反应。在体外进行的体液免疫反应,一般采用血清进行实验,通常称为血清学反应。血清学反应的基本原则是用已知的抗原检测未知的抗体或用已知的抗体检测未知的抗原。其反应方法很多,常规的方法有凝集反应、沉淀反应、补体检测技术及中和试验。近年来,由于生物学、物理学、生物化学及分子生物学的发展,细菌的鉴定技术也不断改进提高。从形态学到生物学特性的研究,逐步向快速、敏感、准确、简单和特异的方向发展。尤其是各种免疫标记技术,如放射免疫技术、酶联免疫吸附试验(ELISA)和免疫荧光技术,特异性强,灵敏度高,操作简便,使检测的最小检出值可达皮克($pg,10^{-12}g$)至纳克($ng,10^{-9}g$)。单克隆抗体技术的应用进一步提高检出灵敏度,除可检测细菌病原外,还能对机体进行研究和测定。

病毒病实验诊断的血清学方法,主要用于 2 个目的:在由临床病料分离获得病毒株以后,应用已知的抗病毒血清作中和试验和补体结合试验等,鉴定病毒的种类乃至型别;由病畜采集血清标本,应用病毒和特异性病毒抗原,测定病毒血清中的特异抗体,或进一步比较患病动物在急性发病期和恢复期血清中的特异抗体,或进一步比较患病动物急性发病期和恢复期血清中的抗体效价,了解病毒性抗体是否有明显的增长,从而判定病毒感染的存在。常用的血清学方法有中和试验、血凝和血凝抑制试验、红细胞吸附和红细胞吸附抑制试验、补体结合试验、凝集试验、免疫黏附血凝试验、琼脂扩散试验、对流免疫电泳、单扩溶血实验、免疫荧光技术、放射免疫测定技术、免疫酶技术、胶体金免疫检测技术、包被红细胞固相凝集试验和薄层免疫测定法。血清学检测可以检测病原因子、病原代谢产物及疾病过程中的病理性产物。

七、细菌和病毒的分离鉴定

细菌和病毒的分离鉴定在感染性疾病的诊断和研究中是必不可少的环节。

(一) 细菌的分离鉴定

细菌的分离鉴定方法包括形态学检查、分离培养检查、生化学实验、血清学检验、实验动物接种,此外,还有噬菌体裂解试验及抗生素抑菌技术等。近年来,由于各种常规技术的不断改进,各种检验高技术的相继建立,病原细菌的检验水平正向简易、微量、快速、敏感、高精度、机械化及自动化的方向发展。分子生物学技术、分析微生物学技术、体液免疫学技术及其他检验技术正渗透到细菌快速检验鉴定的各个领域中。

1. 形态学检查

形态学检查技术是细菌检验中极为重要的手段之一,它有助于初步认识细菌,也是决定是否能进行分离培养及生化反应鉴定的重要步骤。有些形态特殊的细菌通过形态学检查即可得到初步诊断或者确诊。细菌体积微小,无色透明,因此利用光学显微镜直接检查只能观察到细菌的轮廓及其运动力。对菌体的形态、大小、排列、染色特征及细菌的特殊构造的判定,必须借助于染色的方法。如要研究细菌的微细结构,需借助电子显微镜观察。其方法又分为不染色标本检查法及染色标本检查法(附录一)。

2. 分离培养法

在细菌学诊断中,除检查形态外,分离培养也是不可缺少的一环。分离培养的主要目的是从病料中的多种细菌里挑选出某种病原性细菌,即首先必须获得纯培养物。在分离培养之前应注意下述 4 点。①选择适合于所分离细菌生长的培养基;②选择适宜的细菌生长条件,如温度、pH、渗透压和对气体的需要等；③考虑所分离的细菌是需氧性或厌氧性，进一步决定培养条件；④初代分离时发现有多种细菌，应进一步选择可疑菌落进行纯培养。而纯培养的获得即是建立在正确的分离技术之上的。

分离培养的方法有很多种，具体操作也不同，但其共同特点是在一定的环境（培养基）中，只让一种细菌生长繁殖，加以挑选，作成纯培养。目前最常用的方法是平板划线分离培养法，其最大的优点是细菌的一个细胞在固体培养基表面生长繁殖成一个菌落，不同种类的细菌所形成的菌落具有不同的特征，用肉眼或放大镜即可辨认。此外，还有平板倾注培养法、平板稀释培养法、化学药品分离培养法和实验动物分离培养法，这些方法均属于需氧菌的分离培养法。厌氧菌（如破伤风梭状芽孢杆菌）需要在低氧的环境下培养方能生长。可以通过生物学、化学和物理学 3 种方法进行厌氧菌的培养。另外，对一些特殊的细菌还需要用二氧化碳培养法。如牛型布氏杆菌，培养时需添加 5%～10% 的二氧化碳，才能使其生长旺盛。二氧化碳培养法是将培养物放入二氧化碳培养箱内进行培养。若没有二氧化碳培养箱，也可采用最简单的二氧化碳培养法，即在盛装培养物的有盖玻璃缸内，点燃蜡烛，当火焰熄灭时，缸内的气体中可含有 5%～10% 的二氧化碳。

3. 生化特性检查

细菌在生长代谢过程中，需要各种酶的催化作用，不同种类的细菌代谢活动中所产生的酶和活动有差异，因此在其代谢过程中产生的分解产物和合成产物也各不相同。细菌学检查中常利用这一特点，用生物化学方法来鉴别细菌，称为生化实验。此类实验在细菌的鉴定中极为重要，方法也很多。特别是细菌分解各种糖类化合物和蛋白质、氨基酸以及生物氧化（呼吸）的酶和产物的测定。

4. 实验动物接种

实验动物有"活试剂"或"活天平"之称，是生物医学研究的重要基础和条件之一。动物实验也是微生物学检验中常用的五大基本技术之一，在病原的分离、鉴定、毒力测定等方面都具有十分重要的价值。特别是在细菌学检测中，实验动物不仅可作为纯培养物的致病性鉴定，也可用于污染病料的病原菌分离。实验动物接种时根据实验目的和要求的不同，可采用不同的接种方法，常用的接种方法主要有皮下接种、皮内接种、腹腔内接种、静脉注射和脑内注射等。

5. 血清学检测技术

细菌病原的抗原与相应的抗体无论在体内或体外均能发生特异性结合，并根据抗原的性质、反应的条件和其他参与反应的因素，表现出的各种反应，统称为免疫反应。在体外进行的体液免疫反应，一般采用血清进行实验，称为血清学反应。血清学反应的基本原则是用已知的抗原检测未知的抗体或用已知的抗体检测未知的抗原。血清学检测方法很多，常规的方法有凝集反应、沉淀反应、补体检测技术和中和实验。近年来，由于生物学、物理学、生物化学和分子生物学的发展，细菌鉴定技术也不断改进和提高，已从形态学到生物学特性的研究，逐步向快速、灵敏、准确、简单和特异的方向发展。尤其是各种免疫标记技术，特异性强，灵敏度高，操作简便，使检测的最小检出值可达皮克至纳克。此外，免疫电镜技术、生物素-亲和素系统、免疫微球及胶体金等标记技术均应用于细菌的免疫检测之中，而且是趋于微量化、系统化、标准化和快速化，再加上高度发展的电子工业技术和数字化技术等向微生物领域的渗透，使各种细菌的自动化鉴定系统应运而生，从而，在细菌的检测研究方面，揭开了新的篇章。

（二）病毒的分离鉴定

病毒分离鉴定的目的是通过检查患病动物的病料，取得有关病毒感染的证据，进而确定这种病毒感染是否就是动物发生疾病的原因。分离获得致病性病毒，或发现病毒感染引起的特征性变化，如病毒包涵体和特异性抗体等，一般就可证明病毒感染的存在。

1. 病毒的分离培养

病毒是严格的细胞内寄生物，迄今还不能在无生命的人工培养基上进行培养，必须在活的易感细胞内才能生长繁殖。病毒的分离培养包括如下方法：

（1）动物接种　常用的实验动物有小鼠、大鼠、豚鼠、家兔、鸽子、鸡、鸭、猴、犬和猫等。通过动物接种可以分离病毒，测定病毒感染范围和致病性；可以培养病毒制造抗原和免疫血清；可以做病毒毒力测定和感染实验等。

（2）鸡胚接种　鸡胚接种也是分离、培养及鉴定病毒常用的重要方法之一。常用的鸡胚接种方法有卵黄囊接种法、绒毛尿囊膜接种法、绒毛尿囊腔接种法、羊膜腔接种法和静脉接种法。

（3）细胞培养　细胞培养是进行病毒分离、培养和鉴定及病毒病诊断的极为重要的技术手段。细胞培养就是给离体的细胞提供适当的环境条件和营养物质，使其在体外继续生长增殖（或连续传代下去），同时将待检病毒接种到细胞培养物中。细胞培养有单层细胞培养和细胞悬浮培养两种方式。

2. 病毒形态观察

可以通过光学显微镜和电子显微镜对病毒的形态、大小进行观察。光学显微镜主要用于观察病毒包涵体和大型病毒如痘病毒和疱疹病毒。电子显微镜可通过负染色技术和免疫电镜技术等方法对病毒进行观察。

（1）包涵体检查　病毒包涵体是病毒感染易感细胞后，在被感染的细胞质或细胞核内形成的特殊结构。它可能是病毒集团，也可能是病毒引起的细胞的一种退行性变化。由于病毒的种类不同，形成的包涵体的形状、大小、染色性（嗜酸性或嗜碱性）、分布部位（胞浆、胞核或胞浆胞核）等也不相同。因此，包涵体的检查可作为诊断某些病毒性传染病的重要依据。包涵体的染色方法有苏木素-伊红（hematoxylin-eosin，HE）染色法、麦氏（Mann's）染色法、Feulgen染色法（主要用于 DNA 病毒）等。

（2）负染色技术　也称阴性反差染色，是利用重金属盐类溶液处理生物标本，使其在透射电子显微镜下呈现良好的反差。负染色技术用于病毒形态观察，具有反差大、分辨率高、可显示病毒的立体结构、快速简便等优点。但应注意，负染色不能使病毒灭活，要注意防止病毒污染环境。为了克服此缺点，可在样品处理之前用戊二醛固定液或福尔马林固定液固定后再进行病毒的分离处理。

（3）超薄切片电镜观察　此方法是将感染了病毒的器官组织或细胞经固定、包埋、超薄切片后，在透射电镜下观察细胞内的病毒粒子，可直接在超微水平上观察到病毒在细胞内繁殖的位置。

（4）免疫电镜技术　即超微结构免疫细胞化学技术，是把光镜下的免疫组织化学、免疫细胞化学与 TEM 技术结合起来，在超微结构水平上研究抗原抗体反应，进行抗原定性和定位的一种技术。

3. 病毒蚀斑技术

病毒的蚀斑是一些变性或坏死细胞的无色区域,其周围被中性红着染的活细胞所围绕,不同的病毒所产生的蚀斑大小和形态各不相同,犹如不同的细菌形成不同的菌落一样。因每个病毒只能在它吸附和进入的地方繁殖,因而一个病毒只能形成一个空斑。所以,从理论上讲,一个空斑就相当于一个病毒。故这项技术可以用来进行病毒感染力的测定和病毒株的纯化。空斑技术的制作方法有单层细胞的空斑制作和琼脂细胞悬液的空斑制作实验。

4. 病毒毒力的测定

病毒毒力的测定方法是将待测病毒作适当稀释(常用十倍梯度稀释),接种于供试系统,如细胞培养、鸡胚和实验动物等,然后判定其感染终点或致死点。通常用来表示病毒的毒力大小的单位有最小致死量(MLD)、半数致死量(LD_{50})、最小感染量(MID)和半数感染量(ID_{50})。若在组织培养细胞上测定半数感染量,则称为半数细胞培养物感染剂量($TCID_{50}$)。

5. 病毒理化特性的测定

病毒理化特性的测定是鉴定病毒的重要指标,在现代病毒的分类鉴定中,病毒的某些理化性质已成为必不可少的指标。通常鉴定的理化指标有病毒的核酸类型、病毒颗粒大小、对脂溶剂的敏感性、对酸的敏感性、耐热性实验和浮密度值等。

6. 病毒的血清学检查

病毒的血清学检查主要用于两个目的:一是在由临床病料分离获得病毒以后,应用已知的抗病毒血清作中和实验和补体结合实验等,鉴定病毒的种类和型别;二是由患病动物采集血清标本,应用病毒和特异性病毒抗原,测定血清中的特异性抗体,或进一步比较患病动物急性发病期和恢复期血清中的抗体效价,了解病毒性抗体是否有明显增长,从而判定病毒感染的存在。常用的血清学方法有:中和实验、血凝和血凝抑制实验、红细胞吸附和红细胞吸附抑制实验、琼脂扩散实验、对流免疫电泳、单扩溶血实验、免疫荧光技术、放射免疫测定技术、免疫酶技术、胶体金免疫检测技术、包被红细胞固相凝集实验和薄层免疫测定法等。

第二节　动物病理学观察方法概述

一、肉眼观察或大体观察

肉眼观察或大体观察(gross appearance)主要是用肉眼或辅之以放大镜、尺、秤等工具,有时加用大体标本染色等,对大体标本和病变器官的大小、形状、色泽、质地、重量、界限、表面和切面状态等病变特征进行细致的观察和检测,以了解其眼观变化。大体观察可见到病变的整体形态和许多重要性状,具有微观观察不能取代的优势,因此不能片面地只注重组织学观察及其他高技术检查,它们各有所长,应配合使用。

二、显微镜观察或组织细胞学观察

显微镜观察(microscopic observation)是采取病变组织制成病理组织切片(histopathological slide)或将脱落细胞制成涂片,经不同方法染色后,在光学显微镜下观察其**显微学变化**(microscopic appearance),分析、归纳组织细胞形态结构变化,诊断疾病及判定其类型和阶段等。显微镜分辨率比肉眼增加了数百倍,可使人加深对病变的认识,显著地提高了诊断的准确性。到目前为止,传统的组织学观察方法仍然是病理学研究和诊断的无可替代的最基本的方法。实际工作中根据需要,切片制作方法有如下 3 种。

（1）常规石蜡切片　HE 染色是最常用的方法,约需24 h。一般自送检至报告送达临床科室需3～4 d。如在阅片中发现可疑或切片不理想,一般需再深切或薄切,发报告时间亦相应延长1～2 d。本方法的优点为取材充分,制片质量稳定,阅片时间充裕,有商讨的余地,诊断内容全面,准确率高（>99%）。缺点是耗时较长。

（2）快速石蜡切片　利用加温或微波技术等,简化并缩短上述制片及阅片过程,可在 1 h 左右完成全过程,快速发出报告。其优点为短时间内可制出近似常规的石蜡切片,临床可很快得到病理诊断。缺点是耗费人力及试剂较多,不适用于大标本,对病理医师的诊断水平和经验要求较高。同时,由于阅片时间短,诊断的准确性可能受到影响。

（3）冰冻切片　一般大医院病理科均设有恒冷切片,冰冻切片成为手术过程中进行病理诊断的主要方法。本方法的优点为在术中即可获得病理诊断,术者可根据病理报告调整手术范围。缺点是冰冻切片的质量不如石蜡切片,其图像比石蜡切片效果差。因此,对病理医师的诊断水平及经验（尤其是观察冰冻切片的经验）要求均高。即使能达到上述条件,冰冻切片的准确率一般也只能达到90.4%～97.9%,误诊率仍有 0.7%～3.5%。对于一些交界性病变或疑难病变,病理科可要求延缓诊断,以待石蜡切片或加做其他检测方法后再做报告。在动物疾病诊断中,冰冻切片可用于病原学的快速诊断。将冰冻切片用免疫组织化学染色,半天即可出结果。

根据所用的光学显微设备不同,光学显微镜观察技术有如下几种。

（一）普通复式光学显微镜技术

光学显微镜的组成主要分 3 部分。①光学放大系统,为两组玻璃透镜:目镜与物镜;②照明系统:光源、折光镜和聚光镜,有时另加各种滤光片以控制光的波长范围;③机械和支架系统,主要是配合光学系统的准确配置和灵活调控。对任何显微镜来说,最重要的性能参数是分辨率,而不是放大倍数。**分辨率是指区分两个质点间的最小距离**,普通光镜的最大分辨率是 $0.2\ \mu m$。

普通光学样品的制备通常是将样品经过固定剂（如甲醛等）固定后,包埋到包埋剂（如石蜡等）中,然后切成厚约 $5\ \mu m$ 的薄切片以便观察。样品在观察前一般要经过染色,不同的染料对某种细胞成分有特异的吸附作用,这样便能形成足够的反差或产生不同波长的光谱以区分该种细胞组分。如伊红和亚甲蓝能特异性地与不同蛋白质结合,而品红则能特异性地显示出 DNA 的所在部位。

（二）偏光显微镜检查

偏光显微镜是在普通光学显微镜中加入两片偏光镜片,一片在聚光镜下方,使普通的灯光形成偏光;另一片则置于目镜下方作为检测。偏光显微镜检查（polariscopic examination）是将两镜片之一逐渐旋转,当旋转至光线不能同时通过两个镜片时视野变暗,当这两块镜片之间有双折光物质时使偏光折射,则在暗视野中产生明亮的白光。偏光镜检查简便易行,对有些疾病的诊断有重要作用。偏光镜下检查脂质时,胆固醇酯为双折光,而胆固醇、磷脂、中性脂肪则无双折光。产生这种现象的机理不清,但应注意的是只有新鲜组织的冰冻切片或经福尔马林固定,未经有机溶液如二甲苯、乙醇脱水的组织能做脂质的偏光显微镜检查。含有双折光脂质的病变有某些黄色瘤、组织细胞增生症、幼年型黄色肉芽肿及富含脂质的纤维组织细胞瘤等。偏光镜下产生双折光的异物有手术缝线、木刺及二氧化硅类物质包括砂子、玻璃及滑石粉等,**这些物质无法染色,但在偏光镜下检查则一目了然**。痛风在组织中形成的尿酸盐沉淀结晶也为双折光,但以酒精固定组织为佳,因尿酸盐结晶为水溶性,当用福尔马林固定时其结晶溶解消失,只留有无结构物质。偏光镜检查对于淀粉样变性的诊断有重要意义,但必须经刚果红染色后才能在偏光镜下见到蓝绿色的双折光。有些胶原纤维也可以产生双折光,只要注意其分布形态,则易与其他双折光物质区别。

(三) 荧光显微镜技术

荧光显微镜技术(fluorescence microscopy)也许是目前在光镜水平上对特异蛋白质等生物大分子定性、定位的最有力的工具。荧光显微镜技术包括免疫荧光技术和荧光素直接标记技术。例如,将标记荧光素的纯化肌动蛋白显微注入培养细胞中,可以看到肌动蛋白分子装配成肌动蛋白纤维。将可生荧光的绿色荧光蛋白(green fluorescent protein,GFP)基因与某种蛋白基因融合,在表达这种融合蛋白的细胞中,便可直接观察到该蛋白的动态变化。

不同荧光素的激发光波长范围不同,所以同一样品可以同时用 2 种以上的荧光素标记。标记荧光素的样品在荧光显微镜下经过不同波长的激发光激发,可发射出不同颜色的荧光。在荧光显微镜中只有激发荧光可以成像,因为产生激发光的光全被样品与照相机之间的滤光片吸收了。

(四) 激光共焦点扫描显微镜技术

普通荧光显微镜下,许多来自焦平面以外的荧光使观察到的图像反差和分辨率降低,而激光共焦点扫描显微镜(laser scanning confocal microscopy)则大大减少了这种焦平面以外的光,它在某一瞬间只用很小一部分光照明,这一束光通过检测器前的一个小孔或裂缝后成像,保证只有来自该焦平面的光成像,而来自焦平面以外的散射光则被小孔或裂缝挡住。这样所成的像异常清晰,激光共焦点扫描显微镜的分辨率可以比普通荧光显微镜的分辨率高 1.4～1.7 倍。所谓共焦点是指物镜和聚光镜同时聚焦到同一个小点,即它们互相共焦点。激光共焦点扫描显微镜比普通显微镜有诸多好处。由于可自动改变观察的焦平面且使纵向分辨率(axial resolution)得到改善,所以可以通过"光学鳞片"观察较厚样品的内部结构。将改变焦点获得一系列细胞不同切面上的图像叠加后便可重构出样品的三维结构。激光共焦点扫描显微镜在研究亚细胞结构与组分等方面的应用越来越广泛。在疾病诊断方面用于目的抗原的定位也日益被重视。

(五) 相差和微分干涉显微镜技术

光线通过不同密度的物质时,其滞留程度也不同。密度大则光的滞留时间长,密度小则光的滞留时间短。所以,在相差显微镜(phase contrast microscop)中,可将这种光程差或相位差转换成振幅差。相差显微镜与普通光学显微镜最主要的不同点是在物镜后装有一块"相差板",偏转的光线分别通过相差板的不同区域,由于相差板上部分区域有吸光物质,所以又使两组光线之间增添了新的光程差,从而对样品不同密度造成的相位差起"夸大"作用。最后这两组光线经过透镜又会聚成一束,发生互相叠加或抵消的干涉现象,从而表现出肉眼明显可见的明暗区别。由于反差是以样品中的密度差别为基础形成的,故相差显微镜的样品不需染色,可以观察活细胞,甚至研究细胞核、线粒体等细胞器的动态。

微分干涉显微镜(differential interferencemicroscope)用的是平面偏振光。这些光经棱镜折射后分成两束,在不同的时间经过样品的相邻部位,然后再经过另一棱镜将这两束光汇合,于是样品中厚度上的微小区别就会转化成明暗区别,增加了样品反差并且具有很强的立体感。微分干涉显微镜更适于研究活细胞中较大的细胞器。将微分干涉显微镜接上录像机,可以观察活细胞中的颗粒及细胞器的运动。

用计算机辅助的微分干涉显微镜可以得到很高的反差,使一些精细结构如单根微管等也可以在光镜下分辨出来。其分辨率比普通光镜提高了一个数量缀,这不仅填充了普通光镜与电镜之间分辨范围上的间隙,而且使在高分辨率下研究活细胞成为可能,比如应用这一原理制备的录像增差显微镜技术(video-enhancemicroscopy)可以观察微管上颗粒的运动。

根据光镜下所显示的目的成分不同,光学显微技术又可分为以下几种。

1. 普通(常规)病理形态学观察

普通(常规)病理形态学观察即 HE 染色切片观察。HE 染色切片观察方法是病理学常规制片最基本的染色方法,且应用广泛。在病理诊断、教学和科研中,常用 HE 染色对正常组织和病变组织进行形态结构观察。

2. 一般组织(细胞)化学观察

一般组织(细胞)化学观察(histochemistry or cytochemistry)是应用某些能与组织细胞某些化学成分进行特异性结合的显色药物,显示组织细胞内某些化学成分(如蛋白质、酶类、核酸、糖原、脂肪等)的变化。其中,观察组织切片的称组织化学(histochemistry),观察涂抹细胞或培养细胞的称细胞化学(cytochemistry)。其优点是,可在原位反映出组织细胞化学成分的变化,初步把纯形态观察与机能代谢联系起来,能帮助从业者加深对疾病本质的认识。另外也有利于病变的鉴别诊断。

酶组织化学(enzyme histochemistry) 在病理学中的应用起始于 20 世纪 50 年代,现已发展达 200 多种酶类。所涉及的酶有氧化还原酶类如多巴氧化酶、单胺氧化酶等;基团转移酶类如谷胱甘肽转移酶、氨基甲酰转移酶等;水解酶类如碱性或酸性磷酸酶、葡萄糖-6-磷酸酶、ATP酶等。但由于酶组织化学操作复杂,需要新鲜或特殊固定的组织及许多反应缺乏特异性等,使其应用受到限制。现常用于病理诊断的酶组织化学染色的酶类有乙酰胆碱酯酶(acetyl-cho-linesterase)用以诊断先天性巨结肠症等;氯乙酰酯酶(chloroacetate esterase)用以检测髓细胞系细胞和肥大细胞及用于骨骼肌相关的酶类如 ATP 酶、琥珀酸脱氢酶(succinate dehydro-genase)/还原型辅酶Ⅰ脱氢酶(NADH dehydrogenase)以诊断疾病等。有报道用多聚甲醛固定、塑料包埋切片常能较好地保持酶活性及细胞形态。然而,近年发展起来的免疫组织化学已将许多酶组织化学染色代替,因许多酶虽经甲醛固定、石蜡包埋后失去其酶活性,但仍能很好地保持其抗原性,可以用免疫组织化学准确地定位与定量。

3. 免疫组织(细胞)化学观察

免疫细胞化学(immunocytochemistry)又称免疫组织化学是组织化学的分支。其主要原理是用标记的抗体(或抗原)对细胞或组织内的相应抗原(或抗体)的分布进行细胞和组织原位的定性、定位或定量检测,经过组织化学的呈色反映之后,用显微镜、荧光显微镜或电子显微镜观察。凡是能做抗原的物质,如蛋白质、多肽、核酸、酶、激素、磷脂、多糖、细胞膜表面的膜抗原和受体以及病原体(包括细菌和病毒抗原)等都可用相应的特异性抗体在组织、细胞内将其用免疫组织(细胞)化学手段检出和研究。根据标记物的不同,可分为免疫荧光、免疫酶标、胶体金标记技术。

4. 核酸原位杂交与原位 PCR 技术

①核酸原位杂交(nucleic acid hybridization in situ)是用已知序列核酸作为探针与细胞或组织切片中核酸进行杂交对其实行检测的方法,是将组织化学与分子生物学技术相结合来检测和定位核酸的技术。适用于石蜡包埋组织切片、冰冻组织切片、细胞涂片、培养细胞爬片等。

②原位 PCR 则是将组织切片或细胞涂片中的核酸(DNA 或 RNA 均可以)片段在原位进行扩增,在扩增中掺入示踪剂,或扩增后再行原位杂交等,以观察基因表达等,但原位 PCR 应用最广的还是用来检测组织或细胞中的病原微生物如 HPV、EBV、HIV 及细菌等,其敏感性比原位杂交有明显提高。

三、超微结构观察或电镜观察

超微结构观察或电镜观察(ultrastructural/electron microscope observation)是运用透射和扫描电子显微镜技术,对组织细胞的内部及表面的超微结构进行观测,从亚组织(细胞器)甚至是大分子水平上了解组织细胞的形态和机能变化,使之对某些疾病的诊断和鉴别诊断更加确切,而且更能加深对疾病本质的认识。但它也有其局限性,放大倍率太高,只见局部不见全局,加之许多超微结构变化没有特异性,常给诊断带来困难。因此,必须以肉眼、组织学病变为基础,宏观与微观密切结合,才能更好地发挥其优势,起到较重要的辅助诊断作用。(详见本书第四章第二节电子显微镜技术)

细胞显微分光光度测定技术(microspectrophotometry)是利用细胞内某些物质对特异光谱吸收的原理,用来测定这些物质如核酸与蛋白质等在每一个细胞内含量的一种实验技术,如DNA 对紫外线最高吸收波长是 260 nm。也可经过特异的染色反应,如 DNA 经 Feulgen 染色反应后就可以吸收波长为 546 nm 的可见光波段,与分光光度仪测定溶液成分的方法相比,这种技术不仅可以定位,而且可以灵敏地测出一个细胞内某种成分的含量。

细胞显微分光光度测定法可分为紫外光显微分光光度测定法与可见光显微分光光度测定法。前者是利用细胞内某些物质对紫外光某波段特有的吸收曲线来测定相应物质的含量;后者则是根据某种物质特异的染色反应,然后根据其对可见光某特定波段的吸收能力来进行对该物质的定量测定。

四、流式细胞术

流式细胞术(flow cytometry,FCM)是近年发展起来的新技术,其原理是将特殊处理的细胞悬液经过一细管,同时用特殊光线照射,当细胞通过时光线发生不同角度的散射,经检测器变为电讯号,再经电子计算机贮存分析后画出直方图等。这一方法每秒钟能分析 1 000～10 000个细胞。流式细胞术能进行多种细胞特征分析,包括细胞的大小,胞浆的颗粒状态,细胞生长状态及所分布的细胞周期,核型倍体数与 DNA 含量,胞膜表面标记物变化及细胞内酶的含量等。

五、图像分析技术

传统的组织计量学是应用组织细胞的照片、投影图像,或用目镜标线直接测量特定面积中某种组织或有形结构的面积、比例等,可以统称为**图像分析**(image analysis)。近年来电子计算机的应用使组织计量学与图像分析更加准确,其操作亦更为简单方便,可以直接应用显微摄像机将组织图像显示于荧光屏上或将照片经摄像机拍摄后再显示于荧光屏上,然后在荧光屏上描绘出各种成分的形态,通过电子计算机特定程序将其面积计算出来。

六、分子生物学技术(基因诊断技术)

基因诊断是利用分子生物学技术在核酸(DNA 或 RNA)水平上分析、鉴定特定的核酸。目前用于基因诊断的方法很多,主要包括:重组 DNA 技术、核酸探针分子杂交技术、聚合酶链式反应(PCR)等新技术,这些方法都能用在病理学研究及诊断中,而且都可以深入到分子水平并进行定性、定量的研究。

(一) 核酸杂交技术

核酸杂交技术(nucleic acid hybridization techniques)是分子生物学研究的重要方法之一,根据核酸碱基互补的原则,用特定已知顺序的核酸片段(DNA 或 RNA)作为探针,经特殊的标记后,与提纯或组织细胞中的靶核酸进行杂交,对其进行检测。按照杂交体系中介质的变化可将该技术分为液相杂交和固相杂交两种。液相杂交是指杂交过程及杂交的核酸均在液体之中,杂交后测定其放射性强度或经特殊的核酸酶消化处理后进行电泳分离等。液相杂交在病理诊断中应用较少。固相杂交是将被检测核酸经过电泳分离后转移到固相介质上(主要为硝酸纤维素膜或尼龙膜),或将核酸直接点于膜上,甚至直接应用组织切片、细胞涂片与特殊标记之核酸探针杂交对特异核酸片段进行检测。根据被测核酸与探针的类型,核酸杂交又可分为 DNA 与 DNA,DNA 与 RNA 和 RNA 与 RNA 杂交。通常将 DNA 电泳分离后转移至滤膜上再与探针所进行的杂交称之为 Southern 转印(Southern blot)杂交。将 RNA 电泳后转移至滤膜上再进行的杂交称之为 Northern 转印(Northern blot)杂交。将 DNA 或 RNA 用斑点固定于滤膜上的杂交称之为斑点吸印(Dot blot)杂交。

原位杂交(in situ hybridization)是指探针与组织中核酸进行杂交的方法,该法与前述几种方法不同,不需经过对组织细胞内核酸进行抽提处理,直接在细胞内核酸原有位置杂交,因而称之为核酸的原位杂交。这一方法在病理学中应用较广。

(二) 聚合酶链反应

聚合酶链反应(polymerase chain reaction,PCR)是 20 世纪 80 年代中期发展起来的分子生物学方法,其基本原理是用两段人工合成的寡核苷酸片段为引物,以双链或单链 DNA 为模板,在 DNA 聚合酶作用下经过反复多个循环的变性、复性、延伸等对特定的核酸片段进行扩增。这一方法稳定,能在很短的时间内扩增得到大量所需要的特异性 DNA 片段。理论上,扩增的片段以 2^n 的方式倍增(n 为循环次数),因此这一方法是快速扩增 DNA 的最有效方法之一。所用的模板 DNA 可以是提取自新鲜组织,也可以从甲醛固定、石蜡包埋的组织中提取。因此对于病理中回顾性研究有重要作用。PCR 可进行多种目的的研究,其中包括基因突变、基因缺失、基因表达及重排、组织中病原微生物检测、性别鉴定和肿瘤化疗效果监测等。

(三) RNA 酶 A 错配消除技术

RNA 酶 A 能识别单碱基错配的 RNA：RNA 或 RNA：DNA 双体。可在体外合成与正

常 *ras* 基因中一条链的序列互补的 RNA 探针，探针和变性的可能有 *ras* 基因突变的肿瘤 DNA 或 RNA 杂交，然后用 RNA 酶 A 处理，可以在 RNA∶RNA 或 RNA∶DNA 错配的部位切断 RNA，使之形成 2 个片段。因正常组织 *ras* 基因无突变，故经相同处理后，就不会形成 2 个片段，据此可将它们区别开来。

七、生物芯片技术或基因芯片技术

基因芯片技术是近年来发展起来的一项生物医学高新技术，实际上是一种反向斑点杂交技术。基因芯片（gene chip）又称 DNA 芯片（DNA chip），是指固着在固相载体上的高密度的 DNA 微点阵，即将大量靶基因或寡核苷酸片段有序地、高密度地（点与点间距小于 $500~\mu m$）排列在如硅片、玻璃片、聚丙烯或尼龙膜等载体上。代表不同检测基因的探针被固定于固相基板上，而被检测的 DNA 或 cDNA 用放射性核素或荧光物标记后与固相阵列杂交。然后通过放射自显影或激光共聚焦显微检测杂交信号的强弱和分布，再通过计算机软件处理分析，得到有关基因的表达谱。一套完整的基因芯片系统包括芯片阵列仪、激光扫描仪、计算机及生物信息软件处理系统等。

第二章
动物病理剖检诊断技术

第一节 概 述

一、病理剖检诊断的定义及意义

诊断是以鉴别不同的疾病为目的对病因和发病机理所做的结论。疾病诊断说到底实际上是病理诊断。首先,通常所说的病理诊断即病理剖检诊断,是对病死动物或濒死期扑杀的动物(或人为处死的实验动物)的尸体,进行病理剖检观察,用肉眼和显微镜或电子显微镜等查明病尸体各器官及组织的病理变化,进行科学的综合分析,做出符合客观实际的病理学诊断,以便正确诊断畜禽疾病,也可检验生前诊断的正误,借以提高临床诊疗技术和提高对疾病的理论认识,特别是对传染性和群发性的传染病和寄生虫病,通过病理剖检,可以及早确诊,以便及时采取有效的防治措施,杜绝传染扩散,减少生产损失。其次,病理剖检也是在兽医学和生物医学研究工作中最常用的方法之一,通过病理剖检,对于揭示疾病的发生、发展及转归的规律可提供直接的形态学依据。尤其是对于未知的新病的研究更不可缺少。再次,由于病理剖检在一定程度上可以判断疾病的性质和死亡的原因,所以病理剖检在兽医学方面无疑也具有十分重要的意义。此外,病理剖检资料的积累还可为各种疾病的综合研究提供重要的数据。因此掌握病理剖检技术,对于做好疾病的诊断防治工作具有重要意义。病理剖检诊断技术是兽医病理工作者、兽医卫生检验工作者、医学工作者及法兽医学工作者必备的技能之一。

在动物疾病诊断中,尸体剖检是最重要,也是最常用、最基本的诊断方法。因为不同的疾病作用于机体,所引起的器官组织的病理形态学变化及其相互组合不同。所以,病理形态学变化常常是提示诊断的出发点,并成为建立诊断的重要依据。不同病原体引起的机体反应有其特异性,例如 ND、禽流感、POX、MD 等的病变特点,这些具有证病意义的病变,即诊断相应疾病的依据。

但值得注意的是,上述的特异性是相对的。虽然病原体不同,但机体对病原体的反应是有限的,即个性与共性的问题。第一,不同的病因可能引起相同的病变,如鸡的马立克氏病和淋巴白血病都可在心、肝、肾等组织出现灰白色肿瘤结节,前者的病原是疱疹病毒,后者的病原是ROSS 病毒。第二,同一种疾病在不同的动物,或同一种动物的不同个体,引起的病变可能不完全一致。第三,同一疾病在不同的发展阶段病变特点也不一样。而且,多重感染时病变更复杂,加上免疫的干预使相应的疾病病变不典型,死后病理变化受影响。所以,诊断不能只以某一种病变特点为依据,而应全面分析,综合诊断。

二、病理剖检的方式和方法

病理剖检的目的在于认识疾病。病理剖检的方式和方法根据剖检的目的不同而有所不同,一般可分3种。

(一) 诊断学目的的剖检方法

该方法是指为解决临床上或养殖生产中的疾病诊断问题,对病死的动物进行的病理学剖检诊断。在群发病诊断时,应尽可能多地剖检病尸体,必要时还需要对患病未死的,尤其是濒死期的动物(扑杀)进行剖检,以寻见典型的病理变化,查明发病原因,为诊断疾病提供依据。同时对临床诊断的结果正确与否进行验证。

(二) 科学研究目的的剖检方法

该方法是指在生物医学研究中,进行动物实验时所进行的剖检,这种目的的剖检工作已在生物学领域广泛应用。不仅用于疾病的发病机理和预防治疗的研究,而且在动物营养学的研究中也已被广泛应用。为了科研的目的所进行的剖检工作常常成批进行,剖检的样品需要达到一定的数量,一般一种处理至少应剖检5个样本,大动物不得少于3个。有一些研究与疾病无关,因此,剖检时不是观察病理变化,而是观察一些功能指标。以科研为目的的剖检工作,剖检方法和观察重点视研究目的而定,如果是研究新发生的疾病,则剖检必须全面系统,不能漏过任何环节。

(三) 法兽医学目的的剖检方法

该方法是指为法律纠纷提供疾病诊断依据而进行的病理剖检,常常要求寻找病因或死因。这种性质的剖检要特别慎重地进行全面、系统、仔细的检查,不能漏掉任何蛛丝马迹。剖检人员应具有中、高级专业技术职称,剖检时,应有纠纷双方具有法人资格的代表到场,同时要有公安司法人员参加,剖检的结论方能有效。

第二节　病理诊断实验室的基本设备及要求

一、病理诊断实验室的基本构成和房屋建筑要求

(一) 基本构成

依规模大小和投入经费的多少不同而不同,一般应包括四室一间。四室即尸体剖检室、切片制作室、组织病理学观察室、病原分离鉴定室等,有条件的可设免疫组织化学观察室;国家级实验室可考虑设电子显微镜室。一间是指用于处理病尸体的化制间。

(二) 建筑要求

不同的房间建筑要求有所不同。

（1）剖检室　用于病理尸体剖检的实验室，要求光照充足、窗宽明亮，人工照明应采用日光灯。地面应平整，且应具有一定的坡度，以便于冲洗消毒和排水。地沟底面不能做成直角，而应做成圆滑的 U 形，墙裙应采用光滑防水的材料贴面，以便于清洗消毒。排风设备等均应符合卫生要求。

（2）切片制作室　用于制作病理组织切片的实验室。要求光照充足，重点应注意防尘，最好安双层玻璃窗。切片室应安装有良好的排风设备，防止有害气体污染室内空气。还应该安装空调设备，以保持室内温度的相对恒定。

（3）免疫组织化学观察室　用于制作免疫组织化学切片染色的实验室。建筑要求与切片制作室相同。

（4）组织病理学观察室　用于观察病理组织切片和免疫组织化学切片的工作室。要求光照充足，同时应注意防尘、防潮、防腐蚀，也应该安装空调设备。

（5）电子显微镜室　重点要求防尘、恒温，其他要求与切片制作室相同。

（6）病原分离鉴定室　重点是防尘、防污染。应配有无菌隔离间。

（7）化制间　用于处理病死畜禽尸体的场所，应位于偏僻处。

二、病理诊断实验室的基本设备及器械

（一）基本设备

（1）剖检室　剖检台、磁盘、广口瓶、标本缸、照相设备、大冰柜、冰箱、密闭小推车、高压水龙头、冲洗消毒设备等。

（2）切片制作室　石蜡切片脱水装置、石蜡切片包埋装置、石蜡切片机、载玻片、盖玻片、水浴锅、展片台、恒温箱、冰箱、天平、染色缸、切片染色装置等。

（3）免疫组织化学观察室　冰冻切片机、湿盒、水浴锅、恒温箱、冰箱、振荡器、切片染色装置、原位 PCR 仪等。

（4）组织病理学观察室　显微镜、显微照相设备、干燥器等。

（5）病原分离鉴定室　超净工作台、生化培养箱、离心机、酶联免疫检测仪、电泳仪、PCR仪、消毒灭菌设备。

（6）化制间　焚尸炉或其他化制设备。

（二）器械及消耗性物品

剖检室里一般应配备如下各种剖检用具。

①刀类。剥皮刀、解剖刀、检查刀、软骨刀、脑刀、外科刀等。

②剪类。肠剪、骨剪、弯刃剪、尖头剪、钝头剪、外科剪。

③锯类。弓锯、板锯、双刃锯、骨锯、电动多用锯。

④镊子类。长镊、尖头镊、鼠齿镊、无齿镊。

⑤量具。卷尺、天平、量杯。

⑥病料容器。广口固定瓶、标本缸、试管、小塑料袋等。

⑦摄像装置。放大镜、照相机或录像机。

⑧运送装置。瓷盘、瓷桶、密闭小推车等。

⑨现场病原分离鉴定设备。载玻片、酒精灯、培养皿、接种环、革兰氏染色和瑞氏染色设备等。

⑩防护设备。防护服、口罩、胶皮手套、线手套、胶手套、工作帽、胶靴、围裙、防护眼镜。

⑪消毒药品。常用的药品有过氧乙酸、漂白粉、氢氧化钠、新洁尔灭、百毒杀、2%～3%碘酒、70%酒精、10%的福尔马林(4%甲醛水溶液)、高锰酸钾、草酸、生石灰等。还应备有剖检人员预防感染消毒用的2%～3%碘酒、70%酒精、消毒棉花、纱布及橡皮胶等。

⑫其他物品。斧、凿子、金属尺、探针、磨刀棒、注射器、针头、棉花、棉花线绳、吸管、垃圾袋等。

第三节　病理剖检诊断的基本方法和程序

一、病理诊断的理论依据

不同的疾病作用于机体,所引起的器官组织的病理形态学变化及其相互组合不同。所以,病理形态学变化常常是提示诊断的出发点,并成为建立诊断的重要依据。

不同病原体引起的机体反应有其特异性,例如鸡新城疫病鸡的腺胃黏膜出血、肠道黏膜枣核样出血溃疡;患痘病的动物发痘疹;鸡马立克氏病病鸡的内脏结节状肿瘤、坐骨神经不对称性肿胀;猪瘟病猪的淋巴结周边出血、脾脏的边缘红色梗死等病变特点,都是具有证病意义的病变群,可作为诊断疾病依据。

但是,值得注意的是,上述的特异性是相对的。虽然病原体不同,但机体对病原体的反应是有差异的,即不同的个性之间病理表现可能不同。一方面不同的疾病可引起相同的病变;另一方面同一种疾病在不同的个体引起的病变不全一致,而且同一种疾病即使是在同一个个体的不同发展阶段表现也不一样。所以,诊断不能只以一种诊断证据为依据,而应进行综合诊断。

同时,在群发病的诊断中要注意,不要以某一个个体的病变特点为依据下结论,要尽量多剖检,进行综合分析,抓主要矛盾。

二、病理诊断的基本方法

病理学研究的基本方法都可以用于疾病的诊断,但实际工作中应根据需要选择性地应用。在临床实践中,较常用的有如下几种。

(一)病/尸体剖检诊断

通过剖检观察器官病变,根据剖检所见的特征性病变群对疾病做出诊断,如炭疽病、猪瘟、猪丹毒、鸡瘟、鸡痘、囊虫病等疾病,均具有各自的肉眼可见的病理变化特征,因而,可通过尸体剖检方法对这一类疾病做出初步诊断。尸体剖检诊断是病理诊断方法中最基本的、必用的方法之一,是病理诊断程序的第一步。

(二)病理组织学诊断

通过观察器官组织的特征性病理变化,对疾病做出诊断,如疯牛病、巴氏杆菌病、沙门氏菌病、结核病、狂犬病、肿瘤性疾病等,均具有特征性的组织病理学变化,所以,可采用组织病理学方法做出诊断。

（三）电镜检查（细胞病理学诊断）

应用超薄切片技术观察细胞的亚微结构病变,结合负染色法可观察病毒的形态和定位。根据超微结构的变化可更深刻地揭示病变的本质。在肿瘤疾病的诊断中,细胞病理学诊断有助于肿瘤的分类。判断肿瘤的性质（良恶性）如食管癌。

（四）组织化学（包括免疫组织化学）观察

通过对组织或细胞内化学成分的变化观察结果对疾病进行诊断。如普鲁士蓝反应证明 Fe^{3+} 的存在,证明组织中有含铁血黄素沉着。脂肪变性用苏丹黑 B、苏丹 III 等染料染色,ANAE 染色法等。目前酶标记、荧光标记（FA）等免疫组织化学特异性很强,可直接对病原体进行定性和定位。理论上说,各种病原微生物引起的疾病都可采用免疫组织化学方法做出诊断,目前,疯牛病的确诊主要依靠免疫组织化学方法。

三、病理剖检诊断的基本程序

病理剖检诊断的基本程序可见图 2-1。

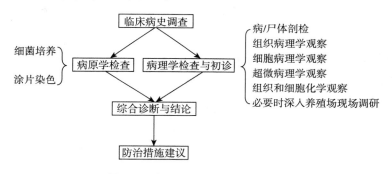

图 2-1 病理剖检诊断的基本程序

（一）临床病史调查

通过问诊了解患病动物的临床表现要做到心中有数,有的放矢。主要了解临床情况,发病表现,饲养管理情况等。具体包括畜禽的类别、品种、年龄、性别、营养状况、畜禽的用途、发病时间、发病地点、病程、症状、临床诊断治疗情况、临床发病部位及表现等,对于考虑疾病的性质,可指引方向,是病理诊断所必需的参考资料。

1. 病例登记

病例登记是病理剖检诊断的第一步,它是将送诊动物的尸体特征系统地记录下来,以便了解病死动物的个体特征,同时为诊断工作提供某些参考性资料。病畜登记的内容包括种类（品种）、性别、年龄,因不同品种、年龄、性别的动物,其常发病、多发病也不同。此外对于作为个体特征标志的畜号、毛色、特征等也应做登记。

2. 病史调查

病史调查是诊断疾病的一个重要内容。包括群体病史调查和个体病畜病史调查两方面,主要是通过详细询问饲养管理人员来获得情况。

群体病史调查内容包括:第一方面应了解发病后,本场(村)及附近场(村)有否类似的疾病发生,是群发还是单发,是同时发生还是相继发生,发病率、死亡率等,以帮助判断是传染病还是普通病。第二方面应了解防疫制度和措施的执行情况,如预防接种、疫苗的使用,有无从疫区引进动物及人员往来等。第三方面应了解本场(村)周围的环境情况,如周围有无厂矿企业的有毒废气、废水污染,饲料有无霉变或调制不当,农药的保管使用情况,有无在沼泽地放牧(与寄生虫病有关)等。

个体病史调查的内容包括发病时间、病程长短、病后表现。病死动物的日常和病前的饲料种类、饲料品质、饲料制度等。还有临床诊治情况,如病后是否进行过治疗,治疗措施和效果如何等,以供剖检诊断时参考。必要时应深入养殖场现场进行实地调研。

(二) 病理学观察与初诊

病理学观察的方法包括病/尸体剖检观察、组织病理学观察、细胞病理学观察、组织和细胞化学观察、超微病理学观察。对于诊断疾病而言,其中首要的、也最基本的是大体病理剖检观察,它是病理学观察的第一步,其他病理学观察方法是根据需要而定。大体病理剖检观察,可以指示病变的原发器官组织,对于判断疾病的性质具有重要意义。有些疾病需要再进行组织病理学(包括组织和细胞化学)观察,甚至超微病理学观察后方可做出病理诊断。

一般在剖检中可能会看到多种病理变化,对于每一变化的特殊性大小和各个变化的相互关系,要做恰如其分的评估。通过全面的分析,找出特征性的病变。根据特征性的病变及其彼此的相互关系,找出具有证病意义的病变群,并以此为依据做出初步的诊断。

(三) 病原学检查

如前所述病原学检查的方法有很多种,但最简便最常用的方法包括细菌培养、病料涂片染色镜检、病毒的负染色观察、病毒鸡胚接种或细胞培养技术等方法。另外,免疫组化技术可用于各种已知疾病的诊断。

(四) 综合诊断与结论

用尸体剖检中眼观病变和组织学病变中主要的和特殊性较大的变化及它们的相互关系,判断动物是否患病及其性质。如果尸体剖检的组织器官病理形态变化没有特征性或特点不够,难以做进一步诊断,就停止这样的简单诊断,能勉强地帮助临床解决治疗问题。若组织器官病理形态变化特点较明显、较肯定,就根据眼观与组织学病变的形态、性质,参考其他的有用材料(病史、部位、群体状态、临床诊治情况、微生物学与免疫学检测等),做出较完整的初步诊断。

用上述的诊断结果,反向推测,看它能否解释临床表现、眼观病变和组织切片的各种病理变化。如果能够完全解释,而毫不勉强,这一诊断一般是正确的,随后写出报告。但有时所下的诊断并不完全、不准确,甚至完全错误,还要准备随时修改。若所提出的诊断不能完全解释临床、眼观病变和组织形态变化,还存在着矛盾,这说明以前的观察或分析有错误,未抓住特殊性变化和它们之间的内在联系来掌握基本病理变化,没有抓住病变的本质,还需要认真地从头看病史、眼观标本和切片,进行系统全面分析。有时需要反复几次,有时也需要参考他人意见或翻阅书籍，或做特殊染色，才达到合理的诊断。即便通过上述步骤，或由于病变的特性还不够强或对所研究的疾病的发病机理还不清楚，而难以下诊断。我们即按判断疾病的一般条件，结合具体组织（或器官）所发生之疾病的一般规律，做出初步诊断，留待将来证实或修改。对于常见疾病，也不宜轻率地下诊断结论，例如猪的胃溃疡，也需要根据观察、分析，判断是否肯定为溃疡、是否肯定有应激、有无其他病变（如胃癌、胃肠炎等）或其他组织器官的相关病变（如PSE肉、肝坏死等）。

对上述各方面的观察资料进行综合分析、综合判断，结合病原学鉴定的结果，即可对疾病做出确切的诊断。

对于特点不足的病变，不能武断地诊断，而应按病理剖检所见的形态特点写出病理学诊断。对于所下的诊断有充分根据者，可直接写出诊断；若诊断根据不太充分，应写"考虑为××××"；有某些病变根据，但不同组织的病变特点间存在有矛盾时，写"疑似为××××"；若临床诊断和组织形态学病变都缺特征性时，则写"可符合×××"。目的是为了使诊断能够接近或准确地反映客观事实。

若剖检者缺乏经验，还不了解和掌握相应疾病的病变特点及其发展规律，即使剖检所见的病理形态特点很明显，剖检者也可能对其视而不见。这种情况下，剖检者应多参考前人的经验（包括文献），严格地、客观地从具体材料出发，反复观察、思考，多琢磨，努力提高观察、分析能力。分析的结论常常具有学术性意义。

（五）提出防治措施建议

根据综合诊断结果，提出相应的防治措施。

四、死因的分析和判定

在系统详细的剖检基础上，对收集大量的感性材料进行分析，才能做出最后判断，即诊断疾病，分析病因，探索直接致死原因。

（一）分清病理过程的主次

任何一种疾病的某一病例，都要出现许多临床症状及病理变化，特别是一些非传染性疾病，往往都可以找出最主要的死亡原因及直接致死原因，如便秘、肠破裂等。同一疾病不同病例，在形态学上表现，虽然主要的病理形态学变化基本一致，但由于病因的强度、机体的状态、病程等不同，所以同一疾病的同一器官的形态学变化还是有差异的，因此我们在判断时应分清病理过程的主次，找出疾病的主要形态学变化，特别是一些传染病，通常情况下都可以找出最主要的形态学变化，由此去分析和判断，最后做出科学的诊断。

（二）分析病变出现的先后

（1）同一疾病，在流行的不同阶段，可以出现不同型。初期往往是特急性型的败血型，中期表现为亚急性型，后期表现为慢性型。例如，猪瘟初期为急性型，中期为胸型或继发肺疫，后期为肠型，有典型的扣状肿或继发副伤寒沙门氏菌。

（2）病变出现的先后，要根据病变的特征新旧程度来分析。如猪瘟淋巴结急性出血灶较鲜艳，若为慢性，由于出血时间较长，则出血灶呈陈旧的黑红色或黑色。

（3）要根据某一病变的形成过程判断其出现的先后。如猪瘟扣状肿的形成，结核结节、肿瘤转移灶的出现等，都是相应疾病的后期表现。

（三）全面观察，综合分析

对疾病的诊断，特别是群发病，要寻找病变群，一个病例仅仅能反映某一疾病的一个侧面。所以应尽量多剖检几个病例，才可能全面地观察到该疾病的病理特征，即所谓病变群。也就是说同一疾病的典型病变不一定会在一个被检动物身上全部表现出来，一个被检动物只能表现出疾病发展的某一个阶段的典型病理变化。因此应多剖检一些病例才具有代表性，为诊断疾病提供依据。根据剖检时所获得的资料，做出病理解剖学诊断。最后在全面观察和综合分析的基础上分析病因，探索死因，做出疾病的诊断。

第四节 病理剖检通则及注意事项

一、病理剖检的一般原则

（一）剖检人员的组织和安排

病理剖检工作应由具有一定专业技术知识的人员来执行，在剖检之前应做好人员安排，剖检工作的人员组成一般包括主检员 1 人，助检员 1～2 人，记录员 1 人，在场人可包括单位负责人以及有关人员，若属法兽医学剖检应有司法公安人员以及纠纷双方法人代表参加。主检人是剖检工作质量的重要保证，一般应具有较高的专业水平，通晓兽医专业基础理论，尤其是病理学的理论和病理剖检技术。在病理诊断室，必须应由中级职称以上的病理专家主持病理剖检。

（二）剖检用具的准备

1. 剖检器械的准备

应根据被剖检动物的种类不同而准备不同的剖检器械。同时准备好防护设备。在基层养殖单位，可能无专门的剖检室，剖检器械也很齐全，但至少应备有削皮刀、解剖刀，手术刀、手术剪、肠剪、板锯、镊子、锤子、尺子等。小动物的剖检所需器械比较简单，如鸡的剖检只需要有 1 把外科剪刀、1 把骨剪、1 把镊子即可。

2. 消毒药品的准备

常用的消毒药品有过氧乙酸、漂白粉、氢氧化钠、新洁尔灭、百毒杀、2％～3％碘酒、70％酒精、10％的福尔马林（4％甲醛水溶液）、高锰酸钾、草酸、生石灰等。还应备有剖检人员预防感染消毒的 2％～3％碘酒、70％酒精、消毒棉花、纱布及橡皮胶等。

（三）剖检地点的选择

在相关高等院校、科研机构、兽医院等有条件的单位，病理诊断室应设有专门的病理剖检室，其场地选择应符合我国政府发布的《中华人民共和国环境保护法》及兽医相关法律法规的规定。动物疾病诊断所或中心应建在与畜禽养殖场、公共场所、居民住宅、水源地和交通要道有一定距离(≥500 m)的地方。野外进行剖检时,应符合上述法规要求,保证人畜安全,防止疾病扩散,选择距离畜群、居民区较远的偏僻的地方。

(四) 剖检时间的要求

应尽早进行剖检,因为动物死后体内将发生自溶和腐败,夏季尤为明显。避免动物死后自溶、腐败影响病变的辨认和剖检诊断的效果,导致丧失剖检价值。剖检工作最好在白天进行,因为在白天的自然光线下才能尽可能正确地反映器官组织固有的颜色。在紧急情况下,必须在夜间剖检时,光线一定要充足,不能在有色灯光下剖检。

二、病理剖检的注意事项

(一) 剖检前的要求

动手剖检前应详细了解尸体来源、病史、临床症状、治疗经过和临死前的表现。若临床表现发病急剧,咽喉及头部肿胀,死后天然孔出血,有炭疽病的迹象时,应首先采耳血做染色镜检,镜检见有炭疽杆菌或怀疑为炭疽病时,则病尸体严禁剖检,并及时上报相关行政管理部门。同时,将病尸体置于焚尸炉(坑)中焚烧火化,所有与患病动物接触过的场地、用具进行彻底消毒,与病畜接触过的人员应进行药物预防。只有在确诊不是炭疽病或其他禁止剖检的疾病后,方可做尸体剖检。

(二) 剖检记录要求

剖检时,剖检者应认真细致地检查病变,客观地描述记录检查所见,切忌主观片面、草率从事。

(三) 剖检人员的卫生防护要求

剖检人员在剖检前及过程中应时刻警惕感染人畜共患传染病和尚未被证实的可能对人类健康有危害作用的病原微生物或寄生虫。因此,剖检者必须要穿工作服,戴胶手套和线手套以及工作帽,口罩,防护眼镜,穿胶靴。剖检过程中应经常用低浓度的消毒液冲洗手套上和器械上的血液及其他分泌物、渗出物等。剖检不慎而工作人员发生外伤时应立即停止剖检,用碘酒消毒伤口后包扎。如果剖检的是炭疽病等人畜共患性传染病时,除局部用5%石炭酸消毒外,应立即到医院就诊治疗,并对现场进行彻底消毒。当液体溅入眼内,应迅速用2%硼酸水冲洗,滴入抗菌、消炎杀菌的眼药水,剖检结束后,手套用消毒液浸泡洗涤,剖检者手用肥皂清洗数次,再用0.1%新洁尔灭洗3 min以上,若需除去手上的臭味,可用5%高锰酸钾清洗,再用3%草酸液脱色,口腔可用2%硼酸水漱口,面部可用香皂清洗,然后用70%酒精擦洗口腔附近的面部。

(四) 剖检尸体的处理和消毒

现场剖检时,要做好各种防护工作,以防疫病扩散。剖检完毕应将器械及地面清洗干净,若疑为传染病必须进行消毒。

为了防止病原扩散和保障人与动物健康,必须在整个尸体剖检过程中保持清洁并注意严格消毒。剖检时,如遇可疑传染病的尸体,用高浓度消毒液喷洒或浸泡,如需搬动或运输时,应将天然孔用消毒液浸泡后的棉球堵塞,放入不漏水的密闭的专用尸体车内,亦可用塑料薄膜多层包扎进行运输。剖检完毕后,应据疾病的种类妥善处理,基本原则是防止疾病扩散和蔓延以免尸体成为疾病的传染源,剖检后的尸体按国家的相关规定——畜禽病害肉尸及其产品无害化处理规程进行处理,应全部做焚烧销毁处理。销毁时应采用密闭的容器运送尸体。销毁方法有 2 种:湿法化制和焚毁。湿法化制是指将整个尸体投入湿化机内进行化制(熬制工业用油);焚毁是将整个尸体或其他废弃物投入焚化炉中烧毁炭化。

过去,一般均主张对病畜禽尸体和其产品进行深埋处理,但是值得引起注意的是深埋带来的隐患也可能是无穷的。一方面,深埋的尸体有可能在自然环境(洪水冲刷、地震等)或者人为(挖掘等)的因素影响下,暴露在土壤表面,使得一些抵抗能力强的细菌或病毒等病原有机会重新回到地表,再次感染人、畜、禽等。另一方面,深埋的病尸体内的病原微生物可能会通过渗透作用而污染地下水。此外,即使深埋地点不受到任何外在因素的破坏而暴露,但其上面生长的植物也可能会通过广泛伸展的根茎的生长把深埋在地下的病原再次带上地表。所以,编者认为,为确保病原微生物彻底无害化,对病畜禽的尸体的处理最好不要采用深埋的方法。

第五节　动物死后变化的判定和识别

一、动物死后变化的判定和识别

动物死亡后,各系统、各器官组织的功能和代谢过程均完全停止,由于体内组织酶和细菌的作用及外界环境的影响,组织的原有结构和性状发生一系列变化,叫作尸体变化或称为死征。死征是动物死后发生的,与生前病变无关,剖检时若不注意,易于与生前病变相混淆,影响诊断结果的可靠性。因此,学会正确地判定和识别死后尸体的变化,对于正确地做出病理诊断十分重要。尸体变化或死征包括如下几种。

(一) 尸冷

动物死后,由于体内物质代谢停止,产热终止,而体表散热过程仍在继续进行,因此尸体逐渐变冷,直至与外界环境温度一致。

(二) 尸僵

动物死后,由于肌纤维的硬化和收缩,使尸体变得僵硬。一般发生于死后 1~6 h,10~20 h 最明显,36~48 h 出现缓解(解僵)。尸僵的顺序是从头部→颈部→胸→前肢→躯干→后肢。尸僵的表现是关节僵直,不能屈伸,口角紧闭,难以开启。尸僵发生的快慢和完全程度,因不同情况有所不同,急死和营养状况良好的动物尸僵发生快而明显。死于慢性病和瘦弱的动物,尸僵发生慢且不完全。外界温度高时尸僵的发生和缓解较温度低时要快。如果心肌在生前有显著变性,则僵硬不明,则呈现出肌肉质度柔软,内腔扩张,充满血液的状态,死于心力衰竭的动物心脏大多处于此种状态。

(三) 尸斑

动物死后,心跳停止,位于心血管内的血液,由于心肌和平滑肌的收缩而被排挤到静脉系统内,在血液凝固以前,血液因重力作用而流到尸体低位部的血管中,使这些部位呈暗红色,此现象叫尸体的坠积性充血。若死亡时间较久,红细胞崩解,将周围组织染成红色,称为尸斑浸润。根据尸斑和舌脱出的位置,可以推断动物死亡时躺卧的状态及死亡时间。

(四) 血液凝固

动物死后,血流停止,血液中抗凝血因素丧失而发生血液凝固,在心腔和大血管中可看到暗红色的血凝块。死后血凝块的特征为色暗红、表面光滑而有弹性,与心血管壁不粘连,应注意与生前凝血(血栓)的区别。贫血或濒死期长的动物,因死后红细胞下沉,血凝块上层呈淡黄色、下层呈暗红色。死于窒息的动物,因血中含有大量二氧化碳,血液常不凝固。死于败血症的动物,常血凝不良。

(五) 自溶

动物死后各器官功能停止,组织代谢也随之停止,但组织细胞内酶的活性尚存,组织细胞内溶酶体膜破裂,释放出大量的蛋白水解酶,造成组织细胞自体分解,即为自溶。自溶在含酶丰富的内脏器官如肝、肾等发生较快,尤其是胃肠道表现得最明显。初期胃肠黏膜可自行脱落,严重时可发生穿孔。其他表现还有以下几种。

(1) 血溶及心血管内膜红染 动物死亡后,部分红细胞破裂、崩解,血红蛋白溶于血浆中,称为血溶。血溶后,血红蛋白浸染心血管内膜和血管周围组织,使其红染,呈弥漫性,按压不褪色。这是尸体浸润的一种表现。

(2) 角膜混浊、皱 可见角膜弥漫性混浊、皱缩,干燥无光泽。

(3) 实质器官自溶斑形成 动物死亡后,由于局部组织发生自溶,在实质器官(肝、肾、心、脾等)表面常出现大小不等的斑块状或片状的淡颜色区。

组织发生自溶时,镜下的组织结构变得模糊不清,细胞膨胀,细胞浆和细胞核着色均很淡。

(六) 尸体腐败

组织自溶时产生的分解产物,为腐败微生物生长繁殖提供了良好的营养条件,随着时间推移,大量腐败菌生长繁殖,导致蛋白质彻底分解,产生大量气体,如二氧化碳、氨气、硫化氢、腐胺、尸胺等,因此可见胃肠道充气,肝包膜下出现气泡,并具有恶臭。组织蛋白分解形成的硫化氢与血中的血红蛋白或从其中游离出的铁结合,生成硫化血红蛋白与硫化铁而使组织呈污绿色。通过腐败现象的观察,对判定死亡时间的长短、死亡原因以及疾病的性质有一定的参考价值。尸体腐败表现有以下几个方面。

(1) 尸绿 是尸体腐败的明显标志,尸绿的出现,是由于组织分解产生的硫化氢与血液中的血红蛋白和其中游离出来的铁相结合,成为绿色的硫化铁所致,所以腐败脏器呈污绿色,尸绿在腹部出现较早也最明显。

(2) 尸体胃肠臌气 这是因胃肠道内细菌大量繁殖,腐败发酵产生大量气体而引起的,胃肠道最为明显,例如反刍动物的前胃,马骡的大肠,尸体的腹部高度膨胀,腹围加大,肛门突出并哆开,严重时腹壁肌层或膈肌可能会因受气体的高压作用而发生破裂。

(3) 尸臭 是由于尸体腐败过程中产生的大量恶臭物质,如硫化氢、氨、甲硫醇、己硫醇、腐胺、尸胺等,使尸体具有特殊难闻的臭味,并且有毒性。影响尸体腐败的因素,主要是尸体所处外界环境的温度,适当的温度(30～36 ℃)和湿度,可以加速腐败过程的发生,温度降至 0 ℃以下时,腐败过程可以停止。机体状态对尸体腐败也有影响,例如营养极度不良、瘦弱的动物,因体内蛋白质较少,较营养好的动物则腐败现象发生缓慢。此外,尸体腐败还与死亡动物所患的疾病性质有关,死于细菌性败血症的尸体,因其体内血液和组织内含有大量细菌,所以腐败过程发生较快。

(4)尸体组织产气　尸体发生腐败时,皮下、肌间、实质器官(被膜和皮下器官内)、心脏与大血管的血液中出现气泡,同时散发出腐败后特殊的臭味。如肝脏发生腐败后由于气体的产生,使肝脏体积增大,色污秽,肝包膜下出现大量小气泡,切面呈海绵状,从切面可挤压出大量混有泡沫的血样液体,临床上称为海绵肝或泡沫肝。其他各器官发生腐败时质地均变得柔软。肾脏、脾脏腐败时也有类似的变化。

尸体腐败使动物体生前发病时的病变表现遭到破坏,使剖检时正确地辨认病理变化变得困难。所以,在动物死后应尽早进行剖检。

尸体腐败时,软组织发生较早、较严重。但是,硬组织(骨、软骨、筋膜、腱、韧带等)对腐败的抵抗力较强,骨组织不易发生腐败。镜检时,胶原纤维和脂肪组织在动物死后很长时间内尚可辨认。有些细胞和结构对腐败的抵抗力也较强,如动物死后各组织中的单核细胞能存在较长的时间,有的病毒粒子可以在死后已经发生了明显腐败变化的组织细胞中观察到。

第六节　病理变化的描述

病理变化的描述是尸体剖检工作的重要环节之一,是一项专业性很强的工作,一般即使是专业人员,若缺乏病理学理论知识,也很难做好这项工作。病变描述的基础,首先是发现病变,观察病变,识别病变,然后才是客观描述病变。同一病变不同人进行描述,也可能不完全相同,但客观存在的病变只有一个标准,同一病变用词可以有程度上的不同,但病理剖检诊断的结论应相同。因此,病变的描述应具有一定的规范性,需剖检者在剖检实践中积累,应善于综合分析、总结,才能不断提高。

病理剖检时对器官病变的描述内容包括:器官位置、体积、质量、色泽、外观形态、纹理、干湿度、光洁度、切面状态、质度,内容物的数量、性状、颜色、气味、臭味等。病理变化的描述要点如下。

一、描述所用的计量要求

应采用国家公布的统一计量标准计算度量。

质量:毫克(mg)、克(g)、千克(kg)。

长度:毫米(mm)、厘米(cm)、米(m)。

面积:毫米^2(mm^2)、厘米^2(cm^2)、米^2(m^2)。

容积:毫升(mL)、升(L)。

二、器官重量、大小和容积的描述

凡可称重的器官,摘出后首先称重,然后用尺子测量其大小。对病灶大小的描述可以用直尺直接测量其大小,亦可用常见的实物做比喻,如针尖大、针头大、鹅卵大、鸡卵大、鸽卵大、麻雀卵大、小米粒大、高粱米大、粟粒大、黄豆大、绿豆大、蚕豆大、拳头大等。

三、器官颜色的描述

正常情况下不同的器官颜色不同,肝、肾、脾、心等以红色为主色调;消化道为灰白色;脑、淋巴结也为灰白色,各种动物器官的颜色稍有差异。病理剖检时应客观地对所见的器官颜色变化进行描述。单色常用的有鲜红、淡红、粉红、白色、苍白等描述语言。间色常用的描述词语有蓝紫色、黑红、暗红、棕红、灰红、灰黄、土黄、黄绿、灰白等。间色描述中次色在前,主色在后。

器官颜色的变化常常反应器官局部或全身的血液循环状况,以及器官组织细胞有无变质性或增生性变化。

四、器官表面和切面的描述

对器官表面的描述,主要应观察被膜或浆膜的异常变化,可用被膜紧张或皱缩、光滑、粗糙、突出、凹陷、絮状,绒毛样、丝网状、条纹状、点状、斑状、花斑样、虎斑样、麻雀蛋样等词语描述。

对器官切面的描述,常用外翻或隆突、平坦、颗粒状、砂粒状、粉尘样、肉样、脑髓样、固有结构不清、纹理不清、结构模糊、西米样、火腿样、切面有无透明液体或凝固不全的血样液体流出等词语描述。

器官表面和切面的状况常常反应器官组织有无淤血肿大变化。如见肝脏"被膜紧张、切面隆突外翻,有血样液体流出",则表明肝脏瘀血肿大。

五、器官和病灶外形的描述

不同的器官有其相应的固定的外形。对器官外形的描述主要看其边缘是尖锐或钝圆。对病灶外形的描述常用圆形、椭圆形、球形、菜花状、结节状、粟粒状、乳头状、树枝状、米粒状等词语描述。

六、干湿度和透明度的描述

干湿度用多汁、湿润、干燥等表述。透明度常用透明、半透明、浑浊、清亮、不透明等表示。

七、质地和结构的描述

对器官质地的描述可用有无弹性、坚实、坚硬、柔软、脆弱、软糜等。对结构的描述常常是用"纹理清晰""纹理不清"或"固有结构模糊不清"等词语。

八、气味的描述

病理剖检常见的异味有腥味、霉味、酸臭味、恶臭味等。

九、管状器官的描述

对管状器官的描述要注意器官浆膜面的状况,管腔有无扩张、狭窄、闭塞、弯曲等;管腔面黏膜的状况,有无出血、水肿,黏膜有无脱落、溃疡,是否易于刮脱等。

十、病变位置和分布状况的描述

剖检时要注意被检器官的位置是否有异常变化。常用"易位""变位""扭转"(肠)等来表示。病变分布状况常用"局灶状""斑点状""条纹状""散在性""弥散性""弥漫性"等词语描述。

尸体剖检工作是一项专业性很强的技术工作,要求从事剖检工作者除具有较高的兽医专业理论基础外,还要有一定的临床工作经验,特别是通晓病理学科基本理论和基本技能,对基本病理过程、常见病理变化应熟练地掌握和运用,此外还应具有一定的文学素养。

病变的描述,尽量以客观的方式,切忌用病理学术语或学术名词来代替病变的描述。对每例剖检的尸体病变的描述关键是揭露其每一个器官病变的特殊性,因此剖检者不应简单从事,急于求成。对主要病变或用文字难以描述的病变时,可用绘图的方式,以及用录像机或照相机进行摄影的记录方式。此外对所有病变的发生、蔓延的途径及结局,都应在记录上反映出来。对成对的器官可做一般描述然后对其中的特殊变化加以描述。对皮肤、消化道、肌肉等器官的病变描述,要指明其病变的位置所在,例如颈部、头部的皮肤或皮下部位,再如贲门部、幽门部、有腺部,无腺部,十二指肠的初段、中段、末段,淋巴结,说明那个部位的淋巴结,颈下淋巴结,颈前淋巴结等。总之要具体、详细地说明病变所在的位置。为了节省时间和略去不必要的烦琐,同样病变发生在一个器官的不同部位时,可用"同前记"的字样。

在做剖检记录时对于无眼观变化的组织器官,一般用"无肉眼可见变化""未发现异常"或"未见异常"等词语来概括。而不能用"正常""无变化"或"无病变"等词语表述,因为无肉眼变化,不一定就说明该器官无组织细胞变化。一般剖检记录与剖检同时进行,即随剖检者检查中的口述进行记录,所以正确系统的剖检程序和方法是写好剖检记录的条件之一,这样可以尽可能避免发生漏检,确保尸体剖检记录的全面性和真实可靠性。

第七节 病理剖检记录的写法和内容

病历记录 病历是患病动物患病过程中有关临床检查、诊断和治疗等方面的全部记录。它不仅对疾病诊断和治疗有重要价值,而且对总结经验、积累资料、指导临床实践等都具有十分重要的意义。所以,在病理剖检时要求准确而详尽地检查,认真填写记录,并妥善保存好病历记录。

病理剖检记录可分文字记录和图像记录。前者为尸体剖检记录,是将人们用视觉、听觉触觉器官所获得的各种异常现象全面如实地反映出来,可以用言语形象叙述,采用文字记录下来。后者是用录像机或照相机摄制病变的动或静的图像,比文字的记录更加逼真,更加客观、精确、可靠,可信度高,一目了然。二者均属剖检文件的原始记录,是剖检报告的重要依据。剖检记录的原则与要求:记录的内容要如实地反映尸体病理变化,要真实可靠、不得弄虚作假,要求内容完整翔实,文字记录简练。剖检记录应在剖检当时进行,不可在事后凭记忆追记,记录的顺序与剖检的顺序相同。

每一份病理剖检记录应包括以下 5 个部分:即一般情况登记、临床病历摘要、病理解剖学观察结果、实验室各项化验检查(包括细菌学、免疫学、寄生虫学、毒物学检查等)结果、病理诊断和结论(表 2-1)。

一、一般情况登记

一般情况登记内容包括送检单位、畜主姓名、动物种类、品种、编号、年龄、性别、毛色、特征、用途、营养、发病时期、死亡日期、剖检日期、剖检人员(含主检人、助检人、记录者)、现场人等。

表 2-1 病理剖检记录表

送检单位							编号	
动物种类		品种		性别		年龄	送检日期	
病料种类	尸体：	活体：		血：	其他：		送检人	
病历摘要								
病理解剖学变化	尸体剖检观察结果： 病理组织切片观察结果：							
化验项目	实验室各项检查结果（包括细菌学、免疫学、寄生虫学、毒物学检查等，附化验单）：							
病理诊断								
结论								
材料处理	肉眼标本： 切片： 照相：							

剖检者签名：＿＿＿＿＿＿＿＿＿＿

剖检日期：   年   月   日

二、临床病历摘要

临床病历摘要包括主诉、病史摘要、发病经过、主要症状、治疗经过、流行病学情况、实验室各项检查结果、临床诊断结果等。

三、病理解剖学观察记录

病理解剖学观察记录常分为两个部分：一为尸体剖检观察记录，为大体剖检当时所见的变化，因脏器不能长期保存，故要求详细、真实。遇到典型的病理变化应拍照下来，有条件的还可做录像记录。二为病理组织切片观察记录，包括组织化学和免疫细胞化学等的观察。有时还包括超微病变的观察。

（一）尸体剖检观察记录

可采用文字叙述、填表及画图等方式。

1. 剖检记录内容

（1）为了减少遗漏和错误，应在剖检时记录下所有可见的病理变化；并在剖检后由剖检者再作较少的修改、补充和整理。

（2）叙述文字力求简洁明确，对各器官的位置、大小、形态、表面、切面、颜色、硬度都要如实描述记录。

（3）记录病变时不可滥用病理诊断和病理组织学上的名词。

（4）对于各器官的描写，不仅要说明其阳性变化，凡与临床诊断不符的阴性情况，也要做说明。

（5）对器官硬度及器官的固有结构描述，应注意有空腔时要说明其腔壁及内容物的性状；有溃疡时要说明溃疡边缘及基底部的性状。

（6）叙述大小时，须准确测量其轻重及长短。对脏器的边缘、切面的变化情况进行客观描述。

（7）对器官的颜色的变化应准确客观，因为器官的颜色的变化常能提示某些病变，如判断颜色时切面较表面更能反映器官实质的变化情况，因为表面有包膜；当包膜有改变时可影响其下组织的色泽。

2. 剖检记录提纲

记录应反映剖检当时的情况，故其顺序应和剖检的次序一致。下面所述只是一个剖检记录提纲。

①外部检查。

②胸腹壁。

③腹腔。

④胸腔。

⑤心包膜、心脏（包括心肌和心内、外膜）。

⑥颈部器官，包括胸腺、甲状腺、甲状旁腺，以及咽喉等。

⑦鼻腔、咽喉。

⑧气管及支气管、肺。

⑨脾脏。

⑩淋巴结（包括体表、颈、腋及腹股沟等淋巴结）。

⑪肝、胆管及门静脉。

⑫消化道。包括口腔、食管、肠全部，及其内容物的性状。

⑬胰脏。

⑭肾上腺。

⑮肾脏及其被膜。慢性肾炎时包膜不易剥离，如勉强剥离，则肾表面组织部分撕脱。

⑯膀胱及输尿管。

⑰雄性生殖器。包括前列腺、精囊、睾丸、附睾、输精管等。

⑱雌性生殖器。包括子宫、输卵管、卵巢、阔韧带、乳腺等。

⑲头部。大脑、小脑及脑膜。

⑳垂体。大小、前后叶及茎部有无变化。

㉑脊髓。周围神经也在此描写。

㉒骨及关节。记录密质、海绵质的厚度及钙化状况,是否变软或变硬,注意关节软骨之厚度、滑液膜及韧带。

㉓骨髓。描述肋、胸骨骨髓的色泽及密度。如有血液病,须另检查股、胫、肱各骨之骨髓。

㉔大血管。注意主动脉、肺动脉、腔静脉及其分支有无阻塞及管壁之改变,必要时检查胸导管。

(二) 显微镜检查记录

有条件的实验室应做病理组织学检查。各器官的切片检查记录可按照肉眼观察记录内所列的次序排列。包括细胞化学、免疫组织化学等。

(三) 病原学检查结果记录

化学检查结果可列于显微镜检查记录之后。细菌学检查记录,不仅包括鉴定结果,还应简述细菌的培养情况及涂片染色性状。

四、病理学诊断

病理解剖学诊断通常是指剖检工作结束后,在现场主检者根据剖检所见的各器官病理变化进行综合分析,用学术术语对病变做出病理解剖学的诊断。应按病变的主次及互相关系排列其顺序,即找出剖检所见病变中什么是主要的、什么是次要的、什么是原发的、什么是继发的,然后按照主次、原发、继发将病变的性质做出初步结论,即确定什么是本病例的主要病变,再将由此主要病变所引起的一系列病变按先后排列,其次将与主要病变无关的其他病变排列在后面,如此得出眼观病理解剖学诊断。

讨论和总结通常包括3方面,首先,初步确定所剖检病例的主要疾病;其次,分析各种病变的相互关系;最后,初步确定所剖检病例的死亡原因。上述工作完成后,如对剖检的病例以诊断为目的剖检,能确定疾病的诊断时,可作为正式的尸体剖检报告。但在不少情况下,通过剖检不能做出诊断时,主检者应根据剖检结果,结合临床流行病学、微生物学、免疫学、病理组织学以及理化学的检验结果,做出初步诊断,并对所剖检病例提出防制措施的建议。

根据肉眼所见变化(有条件时应包括病理组织学变化)做出病理诊断。病理诊断应按病变的重要性依次排列,与死亡有直接关系的病变列在最前面,顺序将次要的病变排列于后。

五、结论

在对动物进行系统尸体剖检的基础上,根据所见病理学变化,结合患病动物生前临床症状及其他各种有关资料,对观察的病理变化进行分析判断,找出各病变之间的内在联系、病变与临床症状之间的关系,做出判断。阐明被检动物发病和致死的原因,并针对病例提出防治建议。

由剖检者根据各种重要病理变化,综合临床及其他检验结果,分析各种病变的关系、临床和病理的联系以及死亡的原因,对本病例作简要的结论。做好以上记录后,应将结果登记在病理剖检诊断登记本上,以便日后查阅作统计。

病理剖检报告是向上级业务行政主管部门上报或向畜主提交的材料,应为正式呈报文件,主检人和单位主管领导都要签名,并盖单位公章。其内容的主要依据是尸体剖检记录和临床病理学检查。

第八节　病料的采集、固定、运送

在实际工作中,为了能全面正确地诊断疾病,需要采取病理材料送检化验,或确定发病死亡原因,在这里我们将分别叙述各种病理材料选取、固定、包装运送的方法及注意事项。

一、病理组织材料的采集

剖检者在剖检过程中,应根据需要,亲自动手,有目的地进行选择,不可任意地切取或委托他人完成。同时要注意以下几点。

(1) 病理组织材料应及时固定,以免发生死后变化,影响诊断。

(2) 切取组织材料时,在同一块组织中应包括病灶和正常组织两个部分。

(3) 各种疾病的病变部位不同,选取病理材料时也不应完全一样。遇病因不明的病例时,应多选取组织,以免遗漏病变部位。

(4) 选取病理材料时,切勿挤压或损伤组织,即使肠黏膜上沾有粪便,也不得用手或其他用具刮抹。组织块在固定前最好不要用水冲,非冲不可时只可以用生理盐水轻轻冲洗。

(5) 选取的组织材料要求全面,能包括该器官的主要结构。如肾组织应含有肾皮质、髓质、肾盂及包膜,肠道应含有黏膜、黏膜下层和浆膜等。

(6) 选取的组织材料,厚度为 2~4 mm,容易迅速固定。其面积约为 1.5~3 cm²,以便尽可能全面地观察病变。

(7) 相类似的组织应分别置于不同的瓶中或切成不同的形状。如十二指肠可在组织块一端剪一个缺迹、空肠剪两个缺迹、回肠剪三个缺迹等,并加以描述,注明该组织在器官上的部位,或用大头针插上编号,以备辨认。

二、常规病理组织材料的固定

(1) 为避免材料的挤压和扭转,装盛容器最好用广口瓶。薄壁组织,如胃肠道、胆囊等,可将其浆膜面贴附在厚纸片上再投入固定液中。

(2) 固定液的用量要充足,最好要用 10 倍于该组织体积的固定液。

(3) 固定时间的长短,依固定液的种类和组织的不同而异,过长或过短均不适宜。如用 10％福尔马林液固定,应于 24~48 h 后,用水冲洗 10 min,再放入新液中保存。

(4) 在厚纸上用铅笔写好剖检编号(用石蜡浸渍),与组织块一同保存。瓶外亦须注明标本的编号。

10％福尔马林液的配制:市售的甲醛液 1 份加水 9 份混合而成。为了保持固定液的中性反应,可加入少量碳酸钙或碎大理石,用其上层清液。

三、病理组织的包装与运送

(1) 如将标本运送他处检查时,应把瓶口用石蜡等封住,并用棉花和油布包妥,盛在金属盒或筒中,再放入木箱中。木箱的空隙要用填充物塞紧,以免振动。若送大块标本时,先将标本固定几天,之后取出浸渍固定液的几层纱布,先装入金属容器中,再放入木箱。传染病病例的标本,一定要先固定杀菌,后置金属容器中包装,切不可麻痹大意,以免途中散布传染。

（2）执行剖检的单位，最好留有各种脏器的具有代表性的组织，以备必要时复检之用。

（3）冬季寒冷时，为防止运送中冻坏组织，可先用10％福尔马林液固定，以后再用30％～50％甘油福尔马林或甘油酒精固定运送。

四、其他实验室诊断病料的采集与运送

剖检者不但要注意病尸的形态学变化，而且需要研究生物学病原和各种毒物。因为有时形态学的变化比较轻微，而通过对病原微生物检查或毒物分析却能找到家畜发病与死亡的原因，所以剖检者要负责采集材料。如果要运送至外单位进行检查化验，剖检者还应将采集的材料做初步处理，附上详细说明，方可寄送。

为了使结果可靠，采集病原材料等的时间应在病畜死后愈早愈好，夏天不超过24 h，冬天可稍长一些。同时各种材料的采集最好在剖开胸腹腔后，未取出脏器之前，以免受污染而影响检查结果。

在运送材料时应说明该动物的饲养管理情况，死亡的日期与时间，病料采集的日期与时间，申请检查的目的，病料性状及可疑疾患等，若疑为传染病，应说明家畜发病率、死亡率及剖检所见。

（一）细菌学检查材料

采集细菌学检查用的病料，要求无菌操作，以避免污染。使用的工具要煮沸消毒，使用前再经火焰消毒。在实际工作中如不能做到无菌操作，最好取新鲜的整个器官或大块的组织及时送检。

在剖检时，器官表面常被污染，故在采集病料之前，应先清洁及杀灭器官表面之杂菌。在切开皮肤之前，局部皮肤应先用来苏儿消毒；采取内脏时，不要触及其他器官。如果当场进行细胞培养，可用调药刀在灯上烤至红热，烧灼取材部位，使该处表层组织发焦，而后立即取材接种。

1. 心血

以毛细吸管或20 mL的注射器穿过心房，刺入心脏内。毛细吸管的制法：将玻璃管加热拉长，从中折断即可。或用普通吸管，但应将其钝端连一橡皮管及一短玻璃管，以免吸血时把血吸入口内。普通注射器也可用于采血，但针头要粗些。心血抽取困难时可以挤压肝脏。

2. 实质脏器

使用灭菌用具采取组织块放于灭菌的试管或广口瓶中，采取的组织块大小约2 cm²即可。若不是直接培养而是外送检查时，组织块要选取大些；各个脏器组织要分别装于不同的容器内，避免相互感染。

3. 胸腹水、心囊液、关节液及脑脊髓液

以消毒的注射器和针头吸取，分别注入经过消毒的容器中。

4. 其他

脓汁和渗出物用消毒的棉花球采取后，置于消毒的试管中运送。检查大肠杆菌、肠道杆菌等时可结扎一段肠道送检；或先烧灼肠浆膜，然后自该处穿破肠壁，用吸管或棉花球采取内容物检查，也可装在消毒的广口瓶中送检。痰液也可用此法。细菌性心瓣膜炎可采取赘生物培养及涂片检查。

5. 涂片或印片

此项工作在细菌学检查中颇有价值，尤其是对于难培养的细菌更是不可缺少的手段。普通的血液涂片或组织印片用亚甲蓝或革兰氏染色。结核杆菌、副结核杆菌等用抗酸染色。一

般原虫疾病,则需做血液或组织液的薄片及厚片。厚片的做法:用洁净玻片,滴一滴血液或组织液于其上,使之摊开约 1 cm 大小,平放于洁净的 37 ℃温箱中,干燥 2 h 后取出,浸于 2%冰醋酸 4 份及 2%酒石酸 1 份的混合液中,5～10 min,以脱去血红蛋白,取出后再脱水,并于纯酒精中固定 2～5 min,进行染色检查。若是本单位缺乏染色条件需寄送外单位进行检查的,还应该把一部分涂片和印片用甲醇固定 3 min 后,不加染色,一起寄出。此外,脓汁和渗出物也可以采用本方法。

6. 取作凝集、沉淀、补体结合及中和试验用的血液、脑脊髓液或其他液体

均需用干燥消毒的注射器及针头采取,并置于干的玻璃瓶或试管中。如果是血液,应该放成斜面,避免振动,防止溶血,待自然凝固析出血清后再送检或者抽出血清送检。

上述送检材料均应保持在正立,系缚于木架上,装入保温瓶中或将材料放入冰筒内,外套木(纸)盒,盒中塞紧锯末等物。玻片可用火柴棒间隔开,但表面的两张要把涂有病料的一面向内,再用胶布裹紧,装在木盒中寄送。

(二) 病毒学病料

选取病毒材料时,应考虑到各种病毒的致病特性,选择各种病毒侵害的组织。在选取过程中,力求避免细菌的污染。病料置于消毒的广口瓶内或盖有软木塞的玻璃瓶中。用作病毒检查的心血、血清及脊髓液应用无菌方法采取,置于灭菌的玻璃瓶中,冷藏在冰筒内送检。

疑为狂犬病尸体的,应在死后立刻将其头颅取下,置于不漏水的容器中,周围放冰块。也可以将脑剖出,切开两侧大脑半球,一半置于未稀释的中性甘油中,另一半放在 10%福尔马林溶液中。传染性马脑脊髓炎病例,最好在死后立即以无菌手术将脑取出,采取大脑与小脑组织若干块,装入盛有 50%灭菌甘油生理盐水瓶中。

(三) 毒物病料

死于中毒的动物,常因食入有毒植物、杀虫农药,或因放毒等其他原因。送检化验材料,应包括肝、肾组织和血液标本,胃、肠、膀胱等内容物,以及饲料样品。各种内脏及内容物应分别装于无化学杂质的玻璃容器内。为防止发酵影响化学分析,可以冰冻,保持冷藏运送。容器须先用重铬酸钾——硫酸洗涤液洗涤,再用自来水冲洗,最后用蒸馏水冲洗两三次即可。所取的材料应避免化学消毒剂污染,送检材料中切不可放入化学防腐剂。

根据剖检结果并参照临床资料及送检样品性状,亦可提出可疑的毒物,作为实验室诊断参考,送检时应附有尸检记录。例如疑似铅中毒,实验室可先进行铅分析,以节省不必要的工作。凡病例需要进行法医检验时,应特别注意在采取标本以后,必须由专人保管送检,以防止中间人传递有误。

第九节　哺乳类动物病理剖检程序和方法

一、病理剖检的基本原则

尸体检查是病理诊断技术的核心,是尸体剖检工作的重要组成部分,要求检查系统,观察全面,判断准确。因此,剖检时应遵循一定的程序,特别是初学者,应当掌握剖检的基本方法和

原则。尸体剖检的检查是收集病变,认识病变,在此基础上分析判断,通过鉴别病变,综合分析,做出病理解剖学诊断,这一过程是一种创造性劳动。在检查过程中只有认真细致观察,才能发现异常变化,在收集大量感性材料的基础上去粗取精、去伪存真,进行分析判断,做出病理学诊断,为做好尸体剖检工作,必须系统地按一定程序进行。

在剖检之前,剖检人员,特别是主检应对死亡动物的发病经过、临床症状、流行病学、防治经过等进行调查了解,必要时可对患病动物群进行一般临床检查,同时可观察畜舍的周围环境、卫生防疫、饲养管理和饲料质量等情况。病理工作者是依尸体剖检所获得的资料作为分析判断的依据,不应以病史调查、畜主和管理人员主诉的情况作为分析判断的依据。这是因为畜主介绍的情况可能是问题的表面现象,不一定准确、全面,只能作为线索。在法医学剖检时,更应注意"故意隐瞒某些重要情节"的现象。病理剖检的基本原则如下。

(1) 根据被检动物的解剖和生理学特点,确定剖检术式的方法和步骤。

(2) 剖检方法应方便操作,适于检查,遵循一定程序,但也应注意不墨守成规,术式服从检查,灵活运用。

(3) 剖检者应按常规步骤系统全面进行操作,不应草率行事,切忌主观臆断随意改变操作规程。

(4) 剖检前应对剖检动物的饲养管理、临床症状、流行病学免疫状况等进行了解。

(5) 怀疑为炭疽病的动物禁止剖检。

二、病理剖检程序

一般剖检程序都是先体表后体内,常规的剖检程序如下。

(一) 尸体的外部检查

观察被毛、皮肤、结膜、天然孔状态,检查动物营养状况、有无外寄生虫等。

(二) 尸体的内部检查

尸体的内部检查可按下列顺序进行。

①剥皮和皮下检查。

②剖开腹腔和腹腔内脏器的视检。

③摘出腹腔器官。

④剖开胸腔和胸腔内脏器的视检。

⑤摘出胸腔器官。

⑥摘出口腔颈部器官。

⑦颈部、胸腔和腹腔脏器的检查。

⑧骨盆腔脏器的摘出和检查。

⑨剖开颅腔,取出和检查脑。

⑩剖开鼻腔和检查鼻黏膜。

⑪剖开脊椎管,摘出和检查脊髓。

⑫检查肌肉和关节。

⑬检查骨和骨髓。

上述仅是剖检的参考程序,剖检者可根据病理剖解的原则和现场实际情况,采用灵活可行的尸体剖检程序。下面介绍的是动物尸体剖检的基本方法和程序。

三、尸体剖检方法

(一) 体表检查

首先观察口、鼻、肛门、生殖道等天然孔道有无异常分泌物或排泄物。天然孔道黏膜的颜色对诊断具有一定意义,黏膜呈苍白色时,剖检时应注意有无内出血,或检查骨髓及造血器官有无变化;黏膜呈紫色时应注意循环和呼吸系统的疾患;黏膜显黄色时应该对肝、胆囊、胆管及十二指肠黏膜上胆管开口的情况作详细检查。如果见口、鼻、肛门有血液流出,尸僵不全,死亡较快时应取耳静脉血作涂片染色、镜检,观察有无排列呈竹节状的炭疽杆菌,以排除是否死于炭疽病,如确诊为炭疽病,即应停止剖检,妥善处理尸体并消毒现场。

体表检查时,可先通过被毛的光泽、肌肉的丰满度及皮下脂肪蓄积状况对剖检对象的营养状况做出判断,标准分为良好、中等或不良三等。也可根据脊柱、骨骼外角、坐骨结节等是否显著突出对营养状况做出判断。在观察营养状况的同时,应注意观察体表皮肤有无充血、出血、溃疡、外伤、脓肿和肿瘤,以及皮下有无水肿和气肿变化。如慢性传染病、贫血、严重的寄生虫病,心、肝、肾等脏器的慢性疾病都可引起全身性水肿。这时可见体表结构较疏松的部位如眼睑及身体的下垂部位,组织弹性降低,用指按压时可出现凹陷。由腐败菌引起的败血症及尸体腐败,可引起皮下气肿,此时按压皮肤有捻发感。炭疽病、出血性败血症等则可能发生皮下炎性水肿,尤其颈部皮下可能出现严重的肿胀。

(二) 剥皮及皮下组织检查

体表检查后,即可开始剥皮,以便观察皮下病变。

(1) 马、牛等大动物剥皮方法 从颏部起沿颈胸腹中线至尾根切开皮肤,经脐部时略偏一侧,从阴茎、阴囊或乳房的两旁切开皮肤,在四肢各做一皮肤切口与腹中线相垂直,于球节处作环切依次将皮肤剥下(图 2-2)。剥头部皮肤时,可在眼窝、口角、鼻端处作环切。外耳壳连在皮上一起割下。尾部皮肤剥到 3~4 尾椎处连尾一起割下。

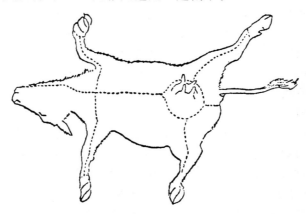

图 2-2　剥皮示意图(中国农业大学病理教研组)

（2）犬、猫、兔等小动物剥皮方法　与前述的马、牛等大动物的剥皮方法基本一致。剥完皮后，将四肢及腹部朝上放为背卧位，先切断两前肢与胸部之间的胸肌及锯肌，使两前肢平放于两侧。然后再切断两后肢股内侧的肌肉，切开髋关节囊、圆韧带及副韧带，使两后肢后展。在剥皮、切开肌肉摊开四肢的同时，剖检人员应检查血管断端流出血液的性状，辨认倒卧侧皮下脂肪的颜色、数量以及皮下结缔组织的情况，体表淋巴结是否有充血肿大，切面有无水肿、出血、坏死等病变。同时还应检查公畜阴囊、母畜乳房，如无病变可分别切下，如发现异常应分别切开检查（图2-3）。

（三）腹腔脏器的剖检

1. 剖开腹腔

为剖检方便，一般将大动物保持在侧卧位（马卧于右侧，牛卧于左侧），小动物保持在背卧位。取侧卧位的动物，切除上侧前后肢，于腋窝处切开腹壁，沿肋弓切至剑状软骨处；而后用左手握住腋窝处腹壁，沿耻骨前缘切开腹壁至腹中线（图2-4），将腹壁向腹侧翻转。取背卧位的动物，先沿腹中线切开腹壁，再于剑状软骨部沿肋弓切开左右腹壁。

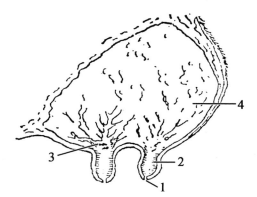

1. 乳管；2. 乳道；3. 乳池；4. 腺小叶

图 2-3　牛乳腺切开示意图

（中国农业大学病理教研组）

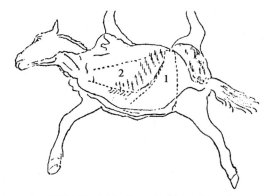

1. 腹腔剖开时的切线；2. 胸腔剖开时的切线

图 2-4　胸腹腔剖开法示意图

（中国农业大学病理教研组）

切开腹壁时，为防划破内脏，最好先将腹壁切一小口，伸进左手食指与中指，手心向上，用指关节下压内脏，将刀刃向上插于两指间徐徐切开腹壁。幼畜脐部腹壁与脐动脉、静脉相连，应仔细检查血管有无增粗、化脓现象。切开腹腔后，检查内脏的位置、浆膜的色泽，观察有无粘连、腹水以及其他异常情况，必须弄清发生部位、病变性质及其与周围组织的关系。若发现腹腔脏器的病变与胸腔有联系时，应同时剖开胸腔一起检查。

2. 摘出腹腔器官

摘出腹腔脏器前，应先在横膈膜处结扎并切断食管、血管，在骨盆腔处直肠末端结扎并切断直肠。这样就可由前至后将胃、肠、脾、胰、肝及子宫一起摘出，边取边切断脊柱下的肠系膜韧带，再于腰部脊柱下取出肾脏。如果须由肝、脾、肾采取病料作病原学检查或取胃肠内容物进行化学检查，应在腹腔剖开后，内脏摘出前按要求采集。

（1）马属动物胃肠的摘出　将结肠骨盆曲拉向尸体前下方，使上行结肠在前，下行结肠在后，露出结肠动脉。把小结肠引向尸体背侧（图2-5）。在骨盆腔入口处将小结肠作单结扎，于结扎部后切断肠管。检查肠系膜及肠系膜淋巴结,沿肠系膜附着部切断肠系膜,至十二指肠韧带,将小结肠作双结扎,在结扎之间切断,取出小结肠(图 2-6)。于十二指肠、结肠韧带后将空肠作双结扎,在结扎之间切断肠管。用左手拉住空肠断端,使肠系膜紧张,检查肠系膜及肠系膜淋巴结,沿肠系膜附着部切断,至回盲韧带处,将回肠结扎,于结肠之间切断,取出小肠(图 2-6)。(也可在盲肠底部找出回盲韧带,在该韧带后结扎并切断回肠,由后向前分离肠系膜至结肠、十二指肠韧带处作结扎切断,摘出小肠)

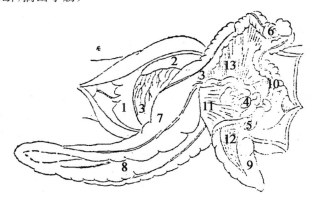

1. 肝;2. 脾;3. 胃;4. 空肠;5. 回肠;6. 十二指肠;7. 上行结肠;8. 下行结肠;
9. 盲肠;10. 小结肠;11. 前肠系膜;12. 回盲韧带;13. 十二指肠韧带

图 2-5 马属动物腹腔内脏位置示意图
(中国农业大学病理教研组)

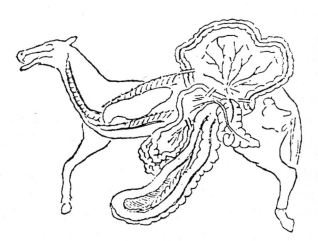

图 2-6 马属动物肠结扎部位示意图
(中国农业大学病理教研组)

①摘出盲、结肠。先触摸肠系膜动脉根,检查有无增粗变硬。然后将上、下结肠动脉及中、侧盲肠动脉分别自上、下结肠及盲肠上剥离,尽可能在距离肠系膜动脉根的远处切断。剖检人员左手握住小结肠断端,用力向腹侧牵引,以右手剥离胰腺与盲肠底、结肠胃状膨大部的联系,并切断结缔组织联系,摘出盲、结肠。如肠系膜动脉根无显著异常,也可直接切断肠系膜动脉根,并剥离胰腺与肠基部的结缔组织,摘出盲、结肠。

②摘出胃及十二指肠。检查网膜及网膜囊,将网膜自其附着处撕下,切断肾脾韧带、脾胃

韧带、脾动脉,摘出脾脏,再切断胃膈韧带、胃肝韧带,在贲门部切断食道,并剥离十二指肠系膜,摘出胃和十二指肠。

（2）牛、羊胃肠道摘出　检查网膜的一般情况,然后自网膜游离缘割开,将深浅两层网膜自第一胃左、右侧纵沟及第四胃大弯,至十二指肠降部撕下,在胃幽门处将十二指肠作双结扎切断。在骨盆腔入口处将直肠作单结扎,切断肠管;切断大肠背侧的系膜及肠系膜动脉根,将大小肠一同摘出（图 2-7）。

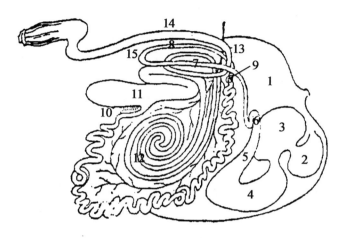

1. 瘤胃；2. 网胃；3. 重瓣胃；4. 皱胃；5. 幽门部；6. 肝门；7. 十二指肠降部；8. 十二指肠升部；
9. 十二指肠空肠部；10. 回肠韧带；11. 直肠；12. 结肠盘降结；13. 横行结肠；
14. 降结肠；15. 回行部曲

图 2-7　牛胃肠部位示意图（中国农业大学病理教研组）

在瘤胃背侧分离脾胃与腰下肌肉、膈角的联系,在食道根部作单结扎,于结扎的前方切断食道,将胃和脾脏一起拉出。

（3）摘出肝脏　马属动物——顺序切断左右三角韧带、圆韧带、镰状韧带、肝静脉、冠状韧带、肝肾韧带、后腔静脉,即可摘出肝。（在摘出结肠时,确保已先将胰腺从肠壁上剥下,摘出肝后,可顺便剥离胰腺的其余附着部,将胰腺摘出）

牛——顺序切断尾叶韧带、肝右侧韧带、冠状韧带、肝与膈的附着部及后腔静脉（幼畜尚存镰状韧带和圆韧带）、肝、胰及十二指肠肝门曲部便可一同摘出。

（4）摘出肾及肾上腺　先检查输尿管,如发现异常,原位检查肾、输尿管、膀胱及尿道。如无异常变化,即从腹下脂肪囊中剥离出肾。然后切断肾动脉及输尿管、摘出肾脏。肾上腺非泌尿系统,因其与肾紧邻,所以在取出肾脏时将其一并摘出。

（5）小动物多采用腹腔脏器连同摘出法　摘出腹腔脏器前,应先在横膈膜处结扎并切断食管、血管,在骨盆腔处直肠末端结扎并切断直肠。用左手插入食道断端,向后牵拉,右手持刀将胃、肝、脾背部的韧带、后腔静脉、肠系膜根部等切断,这样就可由前至后将胃、肠、脾、胰、肝及子宫一起摘出（图 2-8）,边取边切断脊柱下的肠系膜韧带,再于腰部脊柱下取出肾脏。如果须由肝、脾、肾采取病料作病原学检查或取胃肠内容物进行化学检查,应在腹腔剖开后,内脏摘出前按要求采集。

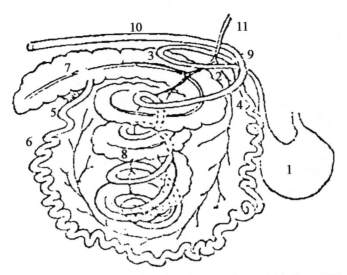

1. 胃；2. 十二指肠降部；3. 横部；4. 十二指肠空肠曲；5. 回盲韧带；6. 回肠；
7. 盲肠；8. 结肠盘；9. 横结肠；10. 降结肠；11. 肠系膜动脉

图 2-8 猪胃肠部位示意图（中国农业大学病理教研组）

3. 腹腔器官的检查

（1）**肠道检查** 先检查肠浆膜是否光滑，颜色是否一致，肠段有无狭窄、增粗、套叠、扭转等情况，肠壁有无破口和破裂缘的情况，然后沿肠系膜附着处用长剪剪开肠腔。检查肠内容物性状及数量，黏膜色泽，血管状态，黏膜面是否光滑，淋巴滤泡有无肿胀，检查黏膜时可用水冲洗粪污后观察，切忌用手擦或刀刮。牛、羊肠道的检查，是先分离十二指肠与结肠的联系，检查肠系膜及肠系膜淋巴结，将小肠自肠系膜附着部分离，将结肠盘之间的结缔组织分离，展开肠道检查。羊肠道中常有许多寄生虫，应检查其种类、数量、寄生部位黏膜的变化。

（2）**胃及十二指肠检查** 检查胃容积大小、质度、浆膜是否光滑，血管充盈程度。然后沿大弯剖开胃（图 2-9）。检查胃内容物的性状，黏膜有无脱落、溃疡；再于幽门处沿肠系膜附着部剪开十二指肠，检查胆管开口是否通畅。胃如有破裂口，应详细检查破裂缘的颜色，以及破裂缘是否有肿胀增厚、翻卷现象（联系网膜上和腹腔中有无胃内容物及分布情况）。

牛、羊胃的检查要特别注意第二胃有无创伤，是否与周围器官粘连，仔细检查其相互关系。如无粘连，可将瘤胃、网胃、瓣胃间的结缔组织分离，然后平放于地面上，使有血管、淋巴结的一面朝上。沿皱胃的小弯，瓣胃、网胃的大弯剪开，瘤胃则分别沿背、腹缘剪开（图 2-10），检查胃内容物及黏膜情况。小牛第一胃中常有毛球，成年牛瘤胃中常有金属异物，羊皱胃中常见寄生虫。

（3）**肝脏检查** 检查形态、颜色、边缘状态，表面是否光滑，有无增厚，胆管有无增粗。切开肝脏（多做几个切口），检查切面有无隆起，肝小叶结构、颜色及质度。检查胆管、血管断端的性状，血液含量，胆囊的状态，胆汁性状，浆膜、黏膜情况等。

胰腺检查应注意其颜色、质度、小叶结构，表面及切面情况，胰管是否通畅，有无寄生虫等。

（4）**检查脾脏** 注意其形态、大小、边缘状态，包膜及实质中有无异常。纵行切开检查脾小梁、淋巴滤泡大小，红白髓的比例及颜色，脾髓是否容易刮脱。

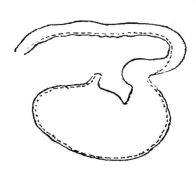

图 2-9 胃和十二指肠剖开示意图
（中国农业大学病理教研组）

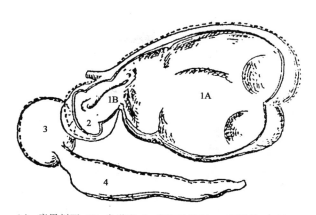

1A. 瘤胃剖面；1B. 食道沟；2. 蜂窝胃剖面；3. 重瓣胃；4. 皱胃

图 2-10 牛、羊胃剖开示意图（中国农业大学病理教研组）

（5）**检查肾脏和肾上腺** 检查肾脏应注意其形态、大小、颜色。然后沿凸缘切开（图 2-11）。检查包膜是否容易剥离，肾表面是否光滑，切面是否隆起，皮质、髓质的颜色，质度，比例，结构是否清晰，肾盂黏膜及肾盂内有无异常。

肾上腺检查应注意其大小、形态，皮质、髓质的颜色、质度，结构是否清楚，有无其他病变。

在检查胃、肝、脾、肾时，应注意检查各器官的淋巴结的变化。

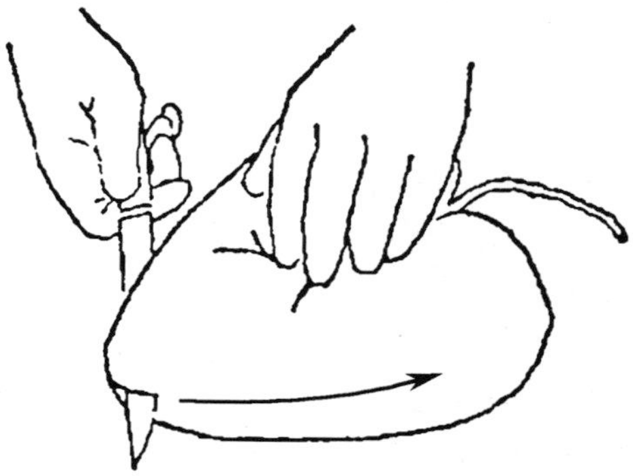

（四）胸腔器官的剖检

1. 剖开胸腔

图 2-11 肾切开示意图
（中国农业大学病理教研组）

马、牛——先除去胸壁肌肉，在肋骨与肋软骨连接处剪断或锯断肋骨；再于肋骨上端（距肋骨小头约 8 cm 处）锯断所有肋骨，切断膈，一侧胸壁便可整片掀除。

猪、羊——沿肋骨与肋软骨连接处切断，小心切断膈、心囊尖与胸骨之间的联系，掀除胸骨。

剖开胸腔后，观察心、肺位置，肺膨隆或退缩的程度，肺与胸膜有无粘连，肺叶间有无粘连，胸腔内有无渗出液，胸膜状况，心囊是否增大。牛应特别注意心包与膈的关系。

2. 检查心囊

在原位上用左手提起心包，用刀穿一小孔，插入一指，然后纵行切开，检查心包、心外膜是否光滑，心囊液的量、颜色、性质及气味，冠状脂肪及冠状血管的情况。

如欲取心血作培养，这时可在右心室壁用灼热的外科刀烧烙消毒后刺穿心室，用消毒针管取血。从心底最宽处量心的周径，从心底至心尖量其纵径。

3. 摘出胸腔器官

心肺可连同摘出（小动物），也可分别摘出（大动物）。

①摘出心脏。切断心底部的大量血管摘出心脏。牛心脏如有创伤、愈合时，可从心底部切断大量血管，将心包、心与膈一并摘出。

②摘出肺脏。在胸腔入口处切断气管、食道及颈部所有血管,然后切断前纵膈、主动脉弓、后大动脉与食管之间的后纵膈,再切断后部的食道,腔静脉及腹侧的中纵膈间膈,即可取出肺脏。

猪及大部分小型动物,通常将胸腔器官连同口腔、咽和颈部器官一起摘出。摘出时,先切断胸腔内的韧带,如心包与胸骨相连的心包韧带,再分别从下颌骨两侧下刀,切断舌骨,分离开颈部肌肉并切断第一肋骨,即可将舌咽喉等连同心、肺一起从胸腔取出。可先取出心肺,再取舌咽等。

4. 检查胸腔器官

①检查心脏。沿左侧纵沟切开右心室及肺动脉,再沿左侧纵沟切开左心室及主动脉(图2-12),检查心脏的容积,心脏内血液的性状,瓣膜孔的大小、心肌的色泽、质度,心壁的厚薄,以及心内膜、心瓣膜是否光滑,心脏有无变形、增厚。

②检查肺脏。首先检查肺脏的体积、形状,肺膜是否光滑,肺小叶间质是否明显,有无充气或积液。触摸肺实质是否质度一致。如发现异常变化,切开检查病变的范围、色泽、质度、干湿及结构状态,病变部支气管及血管情况,并可剪下小块病变组织投入水中,观察沉浮及其程度。然后在肺的背缘纵行切开肺脏,同时作几个平行斜切(图2-13),详细检查纵断面与横断面上肺组织及支气管、血管的状态。最后剪开支气管,检查黏膜及内容物状态,检查支气管淋巴结和纵膈淋巴结。

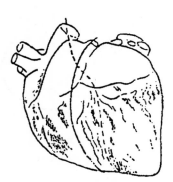

图 2-12 心脏剖开法示意图
(中国农业大学病理教研组)

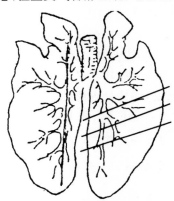

图 2-13 肺剖开法示意图
(中国农业大学病理教研组)

(五) 口腔及颈部器官剖检

剖开前,首先检查咽喉部及颈静脉沟有无肿胀,血管是否增粗,耳下腺及咽喉部淋巴结有无异常。然后沿下颌支内侧切断颌舌骨肌、舌系带,在下凳角内侧切断与舌骨、下凳骨相连的肌群,拉出舌头,切断舌骨关节、软腭(马属动物在这时应检查喉囊)。最后沿颈沟切开,将舌、咽喉、气管、食道等一起拉出。

沿喉头、气管、食道背侧切开,检查喉头、气管黏膜的色泽,黏膜是否光滑,喉室状态,管腔内有无异常分泌物。检查唇、颊、舌、咽、食道黏膜、扁桃体是否肿胀,颜色有无改变;咽背淋巴结、唾液腺的状态,腺管内有无异物;甲状腺、胸腺的大小、颜色、质度等。

(六) 盆腔器官的剖检

首先原位检查盆腔器官的位置、形状、盆腔内有无异物,浆膜是否光滑、膀胱是否积尿等。

如欲检查尿液,可以从膀胱顶部做一个小孔收集尿液。然后用一长刀,沿骨盆腔内壁切断所有联系,盆腔内器官即可取出。也可将骨盆腹、侧面的肌肉剥除,锯开耻骨、坐骨及一侧髂骨干,暴露骨盆腔(图2-14)。

(1)**公畜生殖系统的检查** 从腹侧剪开膀胱、尿道、阴茎(图2-15),检查输尿管开口及膀胱、尿道黏膜状态,膀胱、尿道中有无异物,尿道有无畸形;包皮、龟头黏膜状态及有无异常分泌物。切开睾丸及副性腺检查有无异常。

(2)**母畜生殖系统的检查** 沿腹侧剪开膀胱,沿背侧剪开子宫及阴道(图2-16),检查黏膜、内腔有无异常;胎儿及胎盘情况。检查卵巢的形状,卵泡、黄体的发育情况,输卵管是否扩张等。

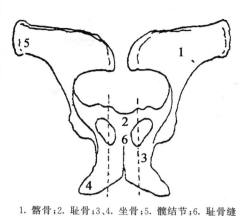

1.髂骨;2.耻骨;3、4.坐骨;5.髋结节;6.耻骨缝

图2-14 髋骨的腹面,剖开盆腔时的锯线示意图
(中国农业大学病理教研组)

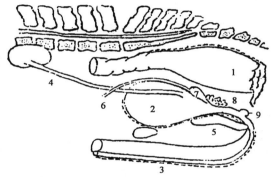

1.直肠;2.膀胱;3.尿道;4.输尿管;5.髂骨断面;6.输精管;7.精囊;8.前列腺;9.尿道球腺

图2-15 公畜生殖器官剖开法示意图(中国农业大学病理教研组)

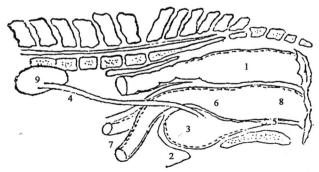

1.直肠;2.腹膜;3.膀胱;4.输尿管;5.尿道;6.子宫体;7.子宫角;8.阴道;9.肾脏

图2-16 母畜生殖器官剖开法示意图(中国农业大学病理教研组)

(七) 脑脊髓的剖检

剖开颅腔　首先从寰枕关节处切断颈部,割下头。若要取脑脊液,可在切开前用注射器刺入蛛网膜下腔抽取。而后切断咬肌等肌肉,扭脱下颌关节,除去下颌骨(此时可检查牙齿和口黏膜情况)。马属动物——将颅顶及枕骨髁上的肌肉除净,在两眼眶上突后方 2 cm 的连线做一横锯线(图 2-17)。

自枕骨髁部沿颅顶两侧(颞窝处)再各锯一斜线(图 2-18),与横锯线相交,用骨凿分离掀开颅顶骨(羊牛额骨占据整个颅顶,骨的后缘很高,并有角突,额窦宽大,所以横锯线必须紧靠眶上突后缘深锯,两侧锯线与横锯线呈钝角交接。猪是在两侧眶上突的前缘连线上做横锯线,侧锯线锯面与顶骨呈 45°角),脑即露出。然后,从枕骨大孔起,沿大脑侧剪开硬膜,再剪断镰状膜、小脑幕状膜。

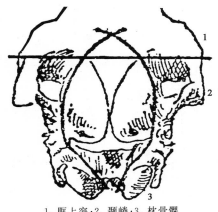

1. 眶上突;2. 颞嵴;3. 枕骨髁

图 2-17　颅腔剖开时头骨锯线(顶面观)
(中国农业大学病理教研组)

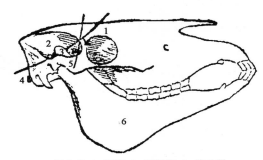

1. 眶上突;2. 颞窝;3. 冠状突;4. 枕骨髁;
5. 颞嵴;6. 下颌骨

图 2-18　马属动物颅腔剖开时的骨锯线(侧面观)
(中国农业大学病理教研组)

从延脑底部向前剪断各对神经、血管、垂体的漏斗部,剥出嗅球。要特别注意脊髓的摘出,方法为剔出椎弓两侧肌肉,凿断椎弓,切断所有脊神经,取出脊髓。脑脊髓经过一般检查后放入固定液中固定。待固定好后,再用脑刀(用水或酒精沾湿刀面)切开大脑半球,检查侧脑室及各部位灰白质的变化,并选取切片检查材料。

(八) 剖检鼻腔

沿鼻中线两侧各 1 cm 处纵行锯开鼻骨、额骨等,暴露鼻腔、鼻中隔、鼻甲骨及鼻窦(图 2-19),检查黏膜状态,有无异常分泌物及疤痕。剖检猪时要特别注意观察两侧鼻甲骨是否对称,有无萎缩。

(九) 眼球的检查

用外科刀或剪,沿眶窝切断结膜穹隆、眼周围肌肉及视神经,取出眼球,检查眼球大小,结膜、角膜是否光滑,色泽如何,以及眼前房、玻璃体等情况。

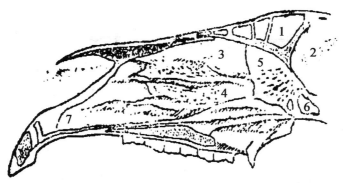

1. 额窦；2. 颅腔；3. 上鼻甲骨；4. 下鼻甲骨；5. 筛骨；6. 蝶窦；7. 鼻道

图 2-19 马头骨矢状面示鼻腔（中国农业大学病理教研组）

（十）骨和骨髓的检查

检查骨时，应先将被检查骨段周围的肌肉、腱等剔除，切断该骨两端的关节，检查骨的大小、形状、骨膜状态、骨的硬度等，然后纵行锯开检查骨髓色泽。检查骨髓多取长骨，如股骨、胫骨。

小猪骨的检查应着重检查肋骨与肋软骨的连接部有无膨大情况。

（十一）关节的检查

先检查关节的外形，然后切开关节囊，检查囊中液体性状、数量，关节面有无磨损、粘连，滑膜是否增厚，关节韧带是否完整等。

（十二）肌肉的检查

肌肉的检查应注意观察肌束的大小、颜色、质度，肌束间有无出血、充气、积液及结缔组织增生或其他异常变化。

上面介绍的是各种家畜各部分的一般剖检方法。在临床实践中，应有目的地详细检查与生前症状有关的系统，无关的系统则不必花费过多的力气。马、牛、猪具体剖检步骤见附录二。

第十节 禽类动物病理剖检程序和方法

鸡、鸭、鹅、鸽等的尸体剖检方法和步骤大致相同，以下仅就鸡的尸体剖检方法做介绍。

一、外部检查

体表检查内容主要包括羽毛、营养状况、天然孔、体表皮肤、骨和关节，依其颜色、大小、硬度和形状的变化，进行肉眼病理学诊断。

1. 检查羽毛

观察全身羽毛的状况，是否有光泽，有无污染、蓬乱、脱毛等。

2. 检查天然孔

检查口、鼻、眼睛、耳及泄殖腔有无分泌物，检查泄殖腔时注意周围有无粪便污染，泄殖腔黏膜的颜色，内容物性状。

3. 检查皮肤

(1) 检查头冠和肉髯，注意头部或其他皮肤有无痘斑或皮疹。

(2) 检查嗉囊和腹部的颜色，有无尸体腐败等变化。

(3) 检查爪部皮肤是否粗糙或有裂缝，是否有石灰样物质附着，脚底是否有趾瘤。

4. 检查骨和关节

(1) 检查各关节(主要是跗关节和肘关节)有无肿胀、变形，趾部有无坏死和溃疡。

(2) 检查胸肌和龙骨，用手触摸胸骨两侧肌肉的丰满度及龙骨的隆突情况。注意龙骨有无弯曲变化，以判断营养状态和钙是否缺乏。

二、内部检查

1. 剥皮及皮下组织检查

用消毒液浸泡禽尸体，使其湿透，将羽毛和皮肤消毒(3～5 min)，防止剖检过程中有羽毛、尘埃飞扬或寄生虫外爬。将消毒后的禽尸体仰卧于解剖盘内，拔除颈、胸与腹部羽毛，切开大腿内侧和腹壁的皮肤，并用力将两侧大腿向外翻，压直至髋关节脱臼(也可在剥皮的过程中使髋关节脱臼)，使其仰卧于解剖盘上。然后由喙角沿体腹中线至泄殖孔切开皮肤(勿切破嗉囊)，并向两侧剥离。在剥离过程中观察皮下组织及肌肉的变化，有无充血、出血、水肿、坏死等病变。剥离颈部皮肤时，注意两侧胸腺(一侧 7 个，共 7 对，浅黄略带红色)，以及支气管分叉处的甲状腺体积大小，另外注意颈部双侧迷走神经粗细的变化。检查颈部的时候可以顺便将两侧胸腺摘除，置于一侧待观察。

2. 打开体腔

从泄殖孔前至胸骨后端沿腹正中线切开腹壁，将切口在胸骨两侧体壁上向前延长，剪断肋骨和软组织，剪断两侧乌喙骨和锁骨，翻开并去除胸骨，即暴露体腔。

3. 检查气囊和体腔内容物

(1) 检查各部位气囊的色泽与厚度变化。临床上气囊主要以家禽流行性感冒病毒、霉菌感染引致轻度到中度气囊混浊、霉菌和大肠杆菌混合感染，以及黄曲霉菌感染引致气囊重度混浊和干酪样团块物蓄积较为常见。

(2) 观察体腔液的多少和性状，浆膜是否湿润并具有光泽，然后观察体腔各脏器的表面状态，包括位置、颜色、大小、形状等变化，以及是否有出血、坏死、渗出物、结节等。

4. 摘除体腔内脏

可先将心脏和心包一起剪离，然后摘除肝脏(含胆囊)和脾脏，在食管和腺胃交界处剪断，左手向外牵拉肠管，直到泄殖腔处剪断，把腺胃、肌胃、肠、胰腺一起摘出。法氏囊位于泄殖腔背部，呈圆形，幼龄时可以见到，性成熟即 4～5 月龄时最大，以后逐渐退化，如果有可以连同上述器官一起摘除。肺脏和肾脏分别藏匿于肋间隙和腰荐骨陷凹内，用手术刀柄钝性剥离并依次取出。

5. 检查头颈部器官

(1) 检查眼窝下窦，并以手触诊以检视硬度，沿着眼窝下窦部位剪开观察。眼窝下窦炎常呈现眼窝下窦肿胀,剖解病灶以霉浆菌及大肠杆菌感染症的干酪样团块物、纤维素性渗出液,以及禽流感的卡他性黏液蓄积为主。

（2）检查鼻腔内容物,用骨剪在鼻孔前将喙的上颌横向剪断,用手按压鼻部,注意其内容物的数量及性状。

（3）剪开下颌骨、食管及嗉囊,检查口腔、食管及嗉囊黏膜内的分泌物或内容物的性状。常见变化有溃疡、伪膜及结节等病灶。

（4）剪开咽喉头、气管及左右各主要支气管,观察上呼吸道黏膜及分泌物的变化。

6. 脑的采出

先用外科刀剥离头部皮肤和其他软组织,用骨剪在两眼中点的连线做一横切口,然后在两侧做弓形切口至枕孔。除去骨质,暴露颅腔。将头顶部朝下,剪断脑下部神经,小心取出大脑、小脑连同前端的嗅脑和下部的脑垂体,注意脑膜表面状态,有无充血、出血和渗出液。

7. 内脏器官的检查

（1）检查心脏　首先检查心包膜及心外膜的变化。临床上常见的病灶以心包积液、心外膜刷状出血、纤维素性心外膜炎及痛风为主。然后剪开两侧心房及心室,检查心内膜与心肌的状态。沙门氏菌感染引发肉芽肿性心肌炎,是常见心肌的病灶。

（2）检查肝脏　检视胆囊前先挤压,并观察流出胆汁色泽、黏稠度及是否含异物,再切开囊壁以观黏膜。观察胆囊的黏膜层的变化,当有沙门氏菌感染时,常可见胆囊黏膜呈现溃疡灶的发生。检查肝脏每叶需做数刀切面。肝脏的检查,应特别着重在颜色、硬度、大小及病灶数目上的变化。如肝脏表面有针尖状白点散布时,常和肝小叶局部坏死灶的发生有关;肝脏的色泽潮黄,且实质较为油腻样时,应和脂肪肝的发生有关。肝脏肿大时,应考虑是否肝细胞急性肿胀,或肝实质内有癌细胞弥漫性浸润。

（3）检查脾脏　观察脾脏的形态、大小、色泽、质地,有无出血点、坏死点,将脾脏做切面,检查切面状态。

（4）检查腺胃和肌胃　将腺胃和肌胃一同剪开,检查腺胃壁的厚度,内容物的性状,黏膜及腺体的状态,剥离肌胃角质膜,检查胃壁状态。注意腺胃和肌胃交界处黏膜变化。

（5）检查肠道和胰腺　检查肠系膜、浆膜及卵黄囊憩室的状态,用肠剪剪开肠管,观察肠黏膜尤其是肠壁淋巴滤泡及其内容物的性状,如十二指肠起始部、盲肠扁桃体等组织黏膜面的变化。胰腺位于十二指肠的肠袢之间,检查其形态、大小、色泽、质地,有无出血点、坏死点,用刀切开,观察切面状态。

（6）检查肾脏　原位观察肾脏的形态、大小、色泽、质地,摘出肾脏后观察是否出现肿胀、出血、褪色及尿酸盐沉积。

（7）检查肺脏　检查肺脏需观察其颜色的变化,并施予触诊以明确其硬度。

（8）检查生殖器官　原位观察睾丸的形态、大小、色泽、质地,有无出血点、坏死点,两侧是否一致,取出睾丸,注意睾丸的表面状态,有无充血、出血和渗出液,将睾丸做切面,检查切面状态。原位观察卵巢的形态,卵泡的大小、形状与色泽(注意和同日龄鸡比较),剪开输卵管,观察其黏膜和内容物的性状。

（9）检查法氏囊　原位观察法氏囊表面状态,形态、大小、色泽、质地,有无出血点、水肿、坏死点,切开法氏囊,检查其黏膜面状态。

8. 检查神经

坐骨神经和腰荐神经的观察记录:大腿内侧,剥离内收肌,即可暴露坐骨神经。

在肾脏剔出的脊柱两侧,可见两侧对称的腰间神经丛,对比观察两侧神经的粗细、横纹、颜色及光滑度。

9. 检查关节、骨和骨髓

(1) 关节的检查　5个关节在常规检查范围内,即两侧膝关节、肩胛关节、枕骨与第一颈椎联合处。

(2) 骨和骨髓的检查　先进行肉眼观察,检验其硬度,检查其断面的形象,将长骨用骨剪剪断,注意骨干和骨端的状态,红骨髓、黄骨髓的性质、分布等,挖取骨髓做成触片,或放入固定液固定后做成切片。

10. 检查脊椎

沿着胸椎、腰椎、荐椎至尾椎,注意观察其结构形态的完整性,必要时纵切开各段椎骨并观察。

11. 检查眼球

用最小的牵力紧抓留在眼周围的皮肤,切开眼眶周围的韧带软组织。再把剪刀紧贴骨头深入眼窝内切断视神经,即可移去眼球(固定眼球,则需先摘除多余的周围软组织)。

第十一节　常用实验动物的剖检方法

小鼠、大鼠和兔为常用的实验动物,其剖检方法大致相同,本节将以大鼠为例,对实验动物的尸体剖检方法进行介绍。

一、外部检查

观察皮毛的性状,以及皮肤、眼球、鼻腔、口腔、肛门、外阴等部的可视黏膜是否有渗出物、排泄物及分泌物,随后将动物仰卧位固定于解剖台上。

二、切开腹腔和胸腔

(1) 提起下腹部皮肤,皮肤与腹壁同时做 V 字形切开。

(2) 从下腹部切开至下腭,以及前肢、后肢内侧皮肤,并把皮肤向两侧剥开。

(3) 切开左右腹壁使腹腔内脏器暴露,易于观察。

(4) 唾液腺(下颌腺、舌下腺)及周围左右淋巴结一起摘出后用镊子夹起胸骨剑突,沿肋软骨附着部切开横膈膜。

(5) 切两侧肋软骨,去除胸骨及肋软骨。

(6) 切开胸骨甲状肌,露出气管、甲状腺。

三、脏器摘出

(1) 皮肤及乳腺　皮肤、乳腺一同摘出,乳腺呈淡粉色,多分布于腋窝、腹股沟。

(2) 颌下腺(舌下腺)及其周围淋巴结　首先把唾液腺颌下腺(舌下腺)从周围淋巴结及结缔组织、导管中分离摘出。之后把淋巴结从结缔组织、导管中分离摘出。

（3）耳下腺　与周围脂肪组织一同摘出。

（4）胸骨（骨髓）　把两侧肋软骨切断直到第一肋骨，切断胸骨与肋软骨结合部，摘出胸骨。

（5）生殖器及副生殖器。

①雄性

睾丸及附睾：用镊子夹住性索及周围脂肪，从阴囊内提出睾丸及附睾，去除其周围附着的脂肪，摘出睾丸及附睾。

前列腺、精囊及其他附件　切开耻骨联合，并把耻骨向左右两侧拉开，用镊子轻轻夹住尿道，切断尿道远端（靠近直肠），前列腺、精囊及其他附件一次性全部摘出。精囊里充满分泌液，其被膜很薄，易破裂，摘取时要注意。

②雌性

卵巢：从输卵管切断并摘出卵巢。

子宫：从子宫间膜处把子宫剥离，切开耻骨联合处，并向左右两侧拉开，用镊子轻轻夹住膀胱尖部切去周围结缔组织，一并摘出子宫、阴道、膀胱。

（6）脾脏　用镊子轻轻夹住脾头部尖端，切断周围结缔组织，摘出脾脏。

（7）胃、小肠、大肠、胰腺及其周围淋巴结　切断食道下部，连同附着的胰腺及周围肠系膜淋巴结一并切至后腹膜，再到肛门部，从胃到肛门一并摘出。由于胃、小肠、大肠的自溶发生早，所以要注入福尔马林固定。

（8）肾上腺　连同周围脂肪组织一起摘出，去除周围脂肪组织。

（9）肾脏　用镊子轻轻夹住并提起肾门处尿管，连同周围脂肪组织一同摘出。肾脏摘出后剥离并去除周围脂肪组织及肾被膜。

（10）肝脏（小鼠包括胆囊）　用镊子夹起横膈膜，摘出肝脏。

（11）心脏　用镊子轻轻夹住心尖部，切断心底部动静脉，摘出心脏。

（12）肺　支气管分支处切断气管。用镊子夹住气管，一边提起气管，一边切断纵膈胸膜，摘出左右肺。

（13）大动脉、舌、气管、食管及甲状腺（甲状旁腺）、咽头、喉头　从 2 只下腭切齿之间切开并向两侧拉开。用镊子轻夹舌部，一边提起舌一边切断与颈椎之间的结缔组织，一起摘出大动脉、舌、甲状腺（甲状旁腺）、咽头、喉头、气管和食管。

（14）眼球及哈氏腺　剥开从颈部到前头部的皮肤，切断眼球周围结缔组织，摘出眼球及哈氏腺。

（15）脑　首先使头部向前方弯曲，切断头盖骨和第一颈椎之间组织；在不损伤嗅球的条件下切断左右眼窝间骨骼；在左侧头骨与脑的间隙之间插入一端骨剪，切断左侧头骨直到前头骨。注意不要损伤脑组织。掀开头顶部骨；切断右侧头骨，去掉头盖骨。把露出的脑部向前拨，切断脑神经，摘出脑。

（16）垂体　连同脑底头盖骨一起摘出。

（17）坐骨神经及肌肉　剥开大腿部肌肉，露出坐骨神经。肌肉上附着的坐骨神经和肌肉一同摘出。

（18）大腿骨（骨髓）　切除大腿部肌肉、露出大腿骨。从膝关节下及大腿骨头下部切断骨骼摘出大腿骨。

（19）脊髓　切断从第一颈椎到腰椎之间的肋骨并剥去肌肉，摘出脊髓。

第十二节　野生动物的病理剖检注意事项

本节所指的野生动物包括野外生存动物和动物园圈养动物,此类动物种类繁多,生理解剖结构有其特殊性,具体的剖检方法应因动物而异,但基本原则和尸体剖检方法可以参考前面相关章节内容。本节将重点介绍野生动物疾病诊治时应注意的事项。

一、烈性传染病禁止剖检

与家畜不同,野生动物罹患烈性传染病和未知疾病的可能性更大,例如炭疽病、禽流感、狂犬病等,在诊断之前一定要排除以上疾病的可能性,如怀疑是炭疽病等恶性传染病,则禁止剖检,应先上报政府有关部门,并将病尸体置于焚尸炉(坑)中焚烧火化,所有与患病动物接触过的场地、用具进行彻底消毒,与病畜接触过的人员应进行药物预防。只有在确诊不是炭疽病和其他禁止剖检的疾病后,方可做尸体剖检。

二、做好个人防护,防治人兽共患病传播

野生动物带来的人兽共患病的机会很多,例如布氏杆菌病、SARS 等病毒病和寄生虫病,会对从业人员造成巨大的危害,而且一旦传播开来会造成极大的公共卫生危害,所以在剖检野生动物前,剖检人员应做好个人防护并加强人兽共患病防范意识,做好操作前及操作后消毒工作,尸体应按照国家规定无害化处理。野生动物的剖检工作应在正规的病理剖检室进行,尽量避免在野外剖检,如果必须要在野外剖检,应遵循剖检时剖检地点的规定,远离水源、居民区和其他动物。

三、样本的保存

野生动物病例大多临床罕见,患病动物多为珍稀动物,甚至是濒危动物,其样品来之不易,具有非常重要的科研价值,所以应做好样品保存,如果需要送到外单位检测,应做好样品备份,包括冻存样品和固定组织样品,冻存样品应放置于−80 ℃环境中保存,并定期检查冻存条件,而固定样品应定期更换固定液。

四、建立完善的疾病档案制度

建立野生动物病历档案对于归纳梳理野生动物疾病特征具有非常重要的意义。在建立野生动物病历档案时应注意以下几点。

(1) 动物病历应按种属、疾病类型归档,便于后期整理。

(2) 病历信息应翔实,包括动物基本信息,疾病诊断治疗过程及图文信息和数码信息。

(3) 应对珍稀动物和濒危动物专门建立病历档案。

(4) 应定期对病历进行总结分析,对常发病常见病临床表现和治疗方案进行归纳总结。

第三章
组织病理学(观察)诊断技术

组织病理学诊断技术是病理学(基本的)最重要的常规研究手段之一,广泛应用在动物和人类疾病的临床诊断及发病机理的探讨中。通过该技术可观察到疾病过程中组织细胞微观结构的变化,并对其化学成分、某些病原、病理产物进行定性、定位、定量,以此了解疾病过程中形态、代谢、机能的变化特点和规律以及它们之间的相互关系,同时综合临床表现、大体剖检、病原学检查等对疾病做出病理学诊断,及时指导临床制定治疗方案,采取防制措施。虽然近些年有许多高新技术不断应用于病理学领域,使我们对疾病的认识更加精确,也提高了对疾病诊断的准确性,但病理学最基本、最重要的技术仍然是常规组织病理学技术,这是其他技术无法取代的,离开它,一切病理学诊断或研究都将无从谈起。组织病理学诊断技术主要包括病理组织切片的制作及染色。本章重点介绍石蜡切片、冰冻切片的制作和石蜡切片的常规染色以及组织化学的基本技术、染色原理与应用。

第一节　石蜡切片技术

石蜡切片(paraffin sectioning)是以石蜡作为组织样品支持剂,使组织保持一定的硬度,再用切片机切成薄片或连续切片(一般厚 5~7 μm),切片贴于载玻片上,经脱蜡后即可染色观察。石蜡切片能够较好地保存组织结构,并可长期保存,因此是病理学最经典、最普遍的方法。其基本程序是:取材→固定→漂洗→脱水→透明→透蜡→包埋→切片→贴片→烤片→染色,石蜡切片制作程序简表见图3-1。

本节将详细叙述石蜡切片的每一步制作过程及常规染色。

一、病理组织样品的取材

(一)取材的一般原则

1. 所取材料必须保证新鲜

动物死亡后随时间的推移,机体会发生自溶和腐败现象,使组织细胞溶解破坏,失去原有结构,同时也失去制作切片的意义。因此必须在动物死亡后立即取材并投入固定液中,尤其在夏季更应注意这一问题。

2. 取材部位的选择

除切取病变部位外,还应取病变和正常组织交界部分的区域,以利于观察分析,特别是肿

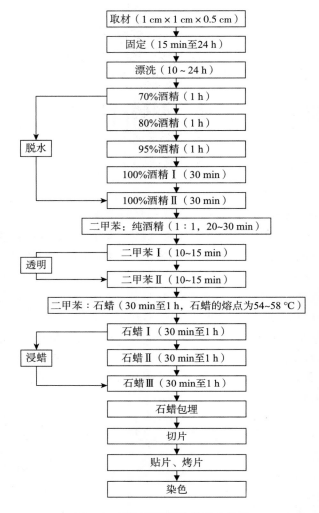

图 3-1　制作石蜡切片的程序简表

瘤部位的取材,应选择肿瘤邻近组织。此外,所取材料还应全面、具有代表性,如管状器官应包括管壁的全层结构,心脏应包含心内外膜和心肌,有浆膜的器官包括浆膜,肾脏应包括皮质、髓质和肾盂等。

　　3. 取材方向

　　管状器官一般横切,如有环行皱壁或皱褶以纵切为好。心脏应纵切,脑一般在与其表面和脑沟成直角的方向垂直切,肝、脾、腺体、肺纵切或横切均可,肾脏沿皮质、髓质方向取材。

　　4. 取材大小

　　组织块的厚度为 $0.2\sim0.5$ cm,面积为 1 cm² ~1.5 cm²。在尸检取材时可适当取大一些,经固定后再进一步修整,以备切片制作不理想或失败后重新制作之用。为了避免组织太厚固定不良,可将组织块从中间切开固定。

　　5. 无明显眼观变化的组织器官

　　无明显眼观变化的组织器官可能存在病理组织学变化,故也应取材。

(二) 取材注意事项

(1)取材所用刀剪要锐利,避免用钝刀前后拉动或用力挤压而造成的人为组织损伤。

(2)神经、肌腱、肠系膜等柔嫩或较薄的材料先平摊于吸水纸上,再投入固定液中,可防止组织变形。

(3)对所取材料的位置、病变特点、数量等应有详细记录。

(4)黏膜尽量不冲洗,以避免黏膜上皮脱落,影响观察。

(三) 各组织器官取材方法

组织取材的位置和方法对于组织病理学的观察结果具有举足轻重的意义,规范取材位置及包埋的方法对于保证组织切片的质量至关重要。

对于大动物如马牛猪羊等,取材应遵循有病变取病变部位,无病变取规定部位的原则。

实验动物因特殊的实验要求,取材要求有所不同。下面以大小鼠的脏器组织取材为例,介绍主要组织的取材位置及方法。

(1) 心脏　横切左右心房、左右心室,纵沟含左右心室的心尖部,各取 1 块;二维码视频 3-1。

(2) 肺(含支气管,左右)　横切左叶及右叶各 1 块;二维码视频 3-2。

(3) 气管　不测定甲状腺重量时,含食管、甲状腺横切,取 1 块;测定甲状腺重量时,含食管横切,取 1 块;二维码视频 3-3。

(4) 食管　不测定甲状腺重量时,含气管,甲状腺横切,取 1 块;测定甲状腺重量时,含气管横切,取 1 块;二维码视频 3-3。

视频 3-1　　　　　　　　　　视频 3-2　　　　　　　　　　视频 3-3

(5) 胃　由胃大弯从前胃到腺胃纵切取 1 块;二维码视频 3-4。

(6) 十二指肠　含幽门部纵切取 1 块;二维码视频 3-5。

(7) 空肠　纵切取 1 块;二维码视频 3-5。

(8) 回肠　含淋巴小结纵向取 1 块;二维码视频 3-5。

(9) 盲肠　横切取 1 块;二维码视频 3-6。

(10) 结肠　含结肠襞纵向取 1 块;二维码视频 3-6。

(11) 直肠　含肛门纵向取 1 块;二维码视频 3-6。

视频 3-4　　　　　　　　　　视频 3-5　　　　　　　　　　视频 3-6

(12) 肝脏　横切中间叶、右叶尾部,纵切左叶、右叶头部,各取 1 块;二维码视频 3-7。

(13) 胆囊(只有小鼠)　连同中间叶一起横切,取 1 块。

(14) 颌下腺(含舌下腺,左右)　左右含舌下腺部分,各取 1 块。

（15）胰腺　胰腺较厚部分取 1 块；二维码视频 3-8。

（16）胸腺　含左右叶横切各取 1 块。

（17）脾脏　横切、纵切，各取 1 块；二维码视频 3-9。

视频 3-7

视频 3-8

视频 3-9

（18）下颌淋巴结　直接制作。

（19）肠系膜淋巴结　直接制作。

（20）脑　含左大脑半球，小脑及延髓（纵切取 1 块），右半球部分横切（取 2 块）；二维码视频 3-10。

（21）肾脏（左右）　右侧纵切，左侧横切，含乳头部各取 1 块；二维码视频 3-11。

（22）肾上腺（左右）　左右直接制作；二维码视频 3-11。

（23）膀胱　横切取 1 块；二维码视频 3-11。

（24）卵巢（左右）　左右直接制作；二维码视频 3-12。

（25）子宫阴道　不测定子宫重量时，左右子宫角纵向各取 1 块，从左右子宫角到子宫颈部及阴道部纵向取 1 块。腹侧面为包埋面；二维码视频 3-12。

（26）骨骼肌　横切包括坐骨神经部分，取 1 块。

视频 3-10

视频 3-11

视频 3-12

二、固定

（一）固定的目的和意义

1. 固定

将组织样品浸入某些化学试剂中，使细胞内的物质能尽量保持其生活状态时的形态结构和位置，这一过程称为固定（fixation）。

2. 固定的目的和意义

（1）防止组织自溶及细菌所致的腐败。

（2）沉淀或凝固细胞内的蛋白质、脂肪、糖、酶等各种成分，使其定位在细胞内原有部位。

（3）增加媒染作用和染色能力（生活状态下的细胞一般不易染色，但经固定后很容易着色）。

（4）细胞内各种成分固定后可产生不同的折光率，对染料也产生不同的亲和力，因此在染色后易于区别。

（5）固定能使细胞从半液体状态变为半固体状态，因此兼有硬化组织的作用，使组织不易变形，利于切片。

（6）可较好地保存抗原和核酸，特别是用于做免疫组织化学染色和核酸原位杂交的标本，及时而理想的固定尤为重要。

(二) 固定的方法

1. 浸泡固定法

此法是最常用的固定方法,程序简便,直接将组织样品浸泡于固定液中,一次可处理许多样品。

2. 微波固定法

此方法是将组织样品置于固定液后,放入微波炉内,进行一定"火力"和时间的微波辐射,从而加速固定过程。用该法固定的组织具有图像清晰、反差良好、染色质均匀、组织结构收缩小等优点,是一项值得推广的方法,目前已用于病理组织样品的处理中。

3. 原位固定法

此方法需要一边在取材部位滴加预冷固定液,一边取材。此法利于酶活性和结构的保存,故常用于酶细胞化学。

4. 灌流固定法

此方法需要通过血管或心脏途径将固定液灌注到所要固定的器官组织内,使生活状态下的细胞在原位迅速固定后,再采取样品。大动物多通过动脉或静脉(肺动脉、股动脉、腹主动脉、门静脉等),小动物可直接用注射针穿入心室或主动脉,或采用专门的灌流装置。此种方法的优点在于固定均匀、快速,可较好地保存酶活性和组织微细结构,尤其适用于对缺氧敏感的组织或研究器官深部区域,如肾脏、肝脏、胃肠道、睾丸及神经系统等。但灌注比较复杂,技术性高,必须熟练掌握操作技巧,仔细操作,方可顺利完成。

(三) 常用固定液及其配制方法

用于固定组织样品的化学物质称为固定剂或固定液(fixative)。其种类繁多,由单一化学物质组成者称固定剂或单纯固定剂,由2种以上化学物质组成者则称混合固定剂。下面介绍一些常用的固定剂及其配制方法。

固定剂:用于固定组织标本的试剂称为固定剂。

固定液:由固定剂配制成固定组织标本的溶液称为固定液。

甲醛、酒精、丙酮、重铬酸钾、冰、醋酸、苦味酸、锇酸等为固定剂,而由上述固定剂可配制出上百种固定液。

1. 单纯固定液

(1) 甲醛(formaldehyde) 是一种气体,溶于水成甲醛水溶液或称福尔马林(formalin),市售的为37%～40%的甲醛水溶液。此种固定剂具有组织穿透力强、固定均匀、组织收缩小、可长期保存大体标本等优点,是应用最多、最广的固定剂,适合于常规染色、多种特殊染色和组织化学染色。一般作为固定剂使用的是10%的福尔马林溶液(此液中甲醛的实际浓度为4%)。因为中性甲醛的固定效果及对组织抗原性的保存均优于一般的甲醛溶液,故也被作为常用固定液。常用甲醛固定溶液的配制方法如下。①10%甲醛固定溶液:甲醛(37%～40%)10 mL,蒸馏水90 mL。固定时间:10 min至24 h。②10%甲醛钙中性固定溶液:甲醛(37%～40%)100 mL,蒸馏水900 mL,氯化钙1 g。固定时间:2～24 h。③甲醛中性固定溶液:甲醛(37%～40%)100 mL,蒸馏水900 mL,碳酸钙或碳酸镁加至饱和。充分振荡经24 h后,取上清液过滤,pH为6.5～7.5。固定时间:10 min至24 h。④10%中性甲醛缓冲固定溶液:甲醛(37%～

40％)100 mL,蒸馏水 900 mL,磷酸二氢钠4 g,磷酸氢二钠 6.5 g。pH 为 7.2～7.4。固定时间：15 min 至 24 h。

（2）乙醇（alcohol） 又称酒精,具有固定和脱水双重作用。其作为固定液以 80％～95％的浓度为好。但高浓度酒精固定的组织硬化显著,收缩明显且质脆,制片及组织形态的保存均不理想,故很少单独作用,尤其证明细胞的脂肪、类脂质及存在色素的标本不能用其作为固定液(因 50％以上浓度的酒精可溶解脂肪、类脂质、血红蛋白及损害其他色素)。如要证明尿酸和尿酸盐结晶的存在,则多用 100％酒精固定。

（3）丙酮（acetone） 即可作固定剂,也可作脱水剂。其渗透力很强,是蛋白质沉淀剂,但不影响蛋白质的反应功能基团,因此可较好地保存酶的活性。但由于渗透力过强,固定作用快,组织易收缩,细胞结构保存不佳。故固定时常用 60％～80％的丙酮,固定时间为 30～60 min(4 ℃)。

（4）四氧化锇（osmium tetroxide） 又通称锇酸,实际并非酸类,仅因其水溶液为酸性。商品试剂为淡黄色结晶,密封于安瓿瓶中(一般为 0.5～1 g 包装)。

锇酸能较好保存细胞内的微细结构,是脂类唯一的固定剂,尤其对磷脂蛋白膜性结构有良好的固定保护作用,目前也是电镜技术中常用的固定剂之一。但也有不足之处,如渗透缓慢、固定不易均匀、对糖原和核酸固定不佳、价格昂贵等。

锇酸固定常用 1％～2％的水溶液,pH 为 7.2～7.4。固定时间：15 min 至 1 h。

使用锇酸应注意以下几点。①锇酸具有挥发性和毒性,操作应在通风橱内进行；②使用前配制；③锇酸为强氧化剂,不能与酒精、甲醛等还原剂混合,其水溶液极易还原成黑色,此时不可再用,如用必须加几滴过氧化氢,使其恢复呈黄色方可使用；④光能促使锇酸还原,故贮存及使用时均应注意避光。

2. 混合固定液

单纯固定剂一般只能固定细胞内的某一成分,但混合固定剂能固定细胞内多种成分,而且还可利用不同固定剂的优缺点进行相互平衡。以下介绍 3 种常用混合固定剂。

（1）Bouin 氏液 Bouin 氏液渗透力强,固定均匀,组织收缩小,不会变硬变脆,可把一般的微细结构较好地显示出来。因此是一种常用的良好固定剂,一般生物样品及病理组织材料均适用。

配制方法：①Bouin 氏液：苦味酸饱和水溶液 75 mL,40％甲醛水溶液 25 mL,冰醋酸 5 mL。②用酒精混合配制的 Bouin 氏液：80％酒精 150 mL,40％甲醛 60 mL,冰醋酸 15 mL,结晶苦味酸1 g,用前配制,此固定液较 Bouin 氏原液渗透力更强,固定后可直接进行 95％酒精脱水。

固定时间：小块组织 4～16 h,较大组织 12～24 h。

（2）Carnoy 氏液 此液穿透力强,能很好地固定细胞质和染色质,尤其适用于糖原、尼氏小体及外膜致密不易透入组织的固定,对显示 DNA 和 RNA 的效果也很好。固定的组织样品适合于各种染色。

配制方法：无水酒精 60 mL,冰醋酸 10 mL,氯仿(三氯甲烷)30 mL。

固定时间：小块组织 20～40 min,较大组织不超过 3～4 h。此液不宜固定过久,否则会使组织膨胀、硬化。

（四）固定注意事项

（1）取材前根据需要选择最佳固定液。

（2）应有足够量的固定液，以保证组织样品被充分固定。固定液一般为组织样品体积的10~15倍。

（3）固定的时间一般从十几分钟至二十几个小时或更长时间。具体时间视样品种类、性质、大小及固定剂的种类、渗透力的强弱等而定，但总的原则是小块组织时间短，大块组织时间长，对组织有较强硬化作用的固定不宜过长。

（4）固定一般在室温下进行，虽然加热可缩短固定时间，但因其对组织影响大，一般并不采用，除非急待诊断的材料。

（5）固定时应注意避光，以防止引起化学反应。

（6）组织样品周围的脂肪组织常妨碍固定剂的透入，应在固定前将其去除。

三、漂洗

漂洗的目的是除去固定时渗入组织中的固定剂，它们存留在组织中会影响染色，还可形成沉淀物或结晶妨碍观察。漂洗的时间视固定剂的种类而异，一般为10~24 h，最少不能少于1 h，长者可数天。下面介绍一些常用固定剂的漂洗方法。

1. 甲醛

经甲醛液短时间固定的组织，流水冲洗10 min至2 h，或不洗直接入酒精脱水。对于长时期固定的组织必须充分水洗，否则影响染色，一般为24~48 h。

2. 酒精

含酒精的固定液不要求水洗，如需洗必须用与固定液中的酒精浓度相近的酒精冲洗。

3. 锇酸

锇酸或含有锇酸的固定液固定的组织用流水充分冲洗，一般12~24 h。如冲洗不净，将会影响染色，并在进入酒精脱水时产生沉淀。

4. Bouin氏液

苦味酸固定造成的黄色可用70%酒精脱色，或在其中不时滴入碳酸锂饱和水溶液，直至酒精不变色为止，表明已去除干净。凡含有苦味酸的固定液，均可按此法漂洗。

5. Zenker氏液

用Zenker氏液固定的组织必须除去重铬酸钾、升汞。前者用流水或亚硫酸冲洗即可除去；后者常在组织内形成结晶，不利于切片和观察，因此必须在流水冲洗完毕后，再置于70%酒精中反复加入0.5%碘酒精（用70%酒精配制），直至酒精因加入碘的黄色不褪去为止，表示组织内升汞（氯化汞）已完全被洗去。去汞后再用5%硫代硫酸钠去除碘的黄色。

四、脱水

组织样品经漂洗后需要用脱水剂置换组织内的水分，以利于组织样品的进一步透明、透蜡及永久保存。所用脱水剂必须能与水以任意比例混合。酒精、丙酮、叔丁醇、正丁醇、异丙醇、四氢呋喃等均可作为脱水剂，其中酒精是石蜡切片最常用的脱水剂。

由于酒精对组织有强烈的收缩及硬化作用，因此不能直接将组织漂洗后投入高浓度酒精中，一般从70％酒精开始经80％、95％、100％酒精逐步脱水，从而减少组织的收缩。各级酒精脱水的时间约为1 h，但可根据组织块的大小、种类等适当延长或缩短。95％酒精脱水时可过夜。

脱水是制片的重要环节，脱水是否彻底直接关系切片制作的成败。因此脱水应严格按要求操作，并注意以下事项：①脱水必须在有盖瓶内进行，防止酒精挥发或高浓度酒精吸收空气中的水分，从而降低酒精浓度；②尽量避免把低一级酒精带入高一级酒精中；③纯酒精中如有水分，可投入无水硫酸铜吸去水分；④含钙的组织（骨、钙化灶等）不能固定后直接脱水，必须先进行脱钙处理，再进行脱水。

五、透明

透明是透明剂取代脱水剂的过程，是为了组织样品进一步透蜡包埋。组织脱水所用多数脱水剂不能溶解石蜡，因此在脱水和浸蜡之间，尚需一个既能与脱水剂混合又能溶解石蜡的媒剂（即透明剂），以便使石蜡浸入组织中。当组织全部被透明剂占据时，光线可以透过，组织呈现半透明或透明状态。如果组织不能透明，表明脱水未尽，必须重新返工，否则影响透蜡，但返工的效果往往不好。

最常用的透明剂是二甲苯，处理时间为30 min左右（以组织基本透亮为准）。一般设2瓶，各10～15 min。对不易透明的组织可置于温箱中加快透明。二甲苯可使组织硬化变脆，故透明时间不宜过长。此外，苯、甲苯、氯仿、环己酮、苯甲酸甲酯、香柏油、冬青油、苯胺油、丁香油等也可作为透明剂。

六、浸蜡

组织透明后在熔化的石蜡内浸渍的过程称浸蜡。其目的是用石蜡取代组织中的二甲苯，把较软组织变为有适当硬度的组织。为了使石蜡充分透入组织中，一般需要约3 h的浸渍，其间需更换3次石蜡。用于浸蜡的石蜡熔点为52～56 ℃。

上述漂洗、脱水、透明、浸蜡实际上是一系列试剂的置换过程。脱水、透明和浸蜡可在全自动或智能化全封闭组织脱水机（也称组织处理机）中进行，也可人工完成，它们的原理和程序都是相同的。

七、石蜡包埋

石蜡包埋（paraffin embedding）是将浸蜡的组织块放入盛有熔化石蜡的金属包埋框中，冷却后使其成为含有组织的蜡块。用于包埋的石蜡熔点一般为60 ℃左右。如用于酶细胞化学染色，应采用低温石蜡包埋（用52～56 ℃的石蜡包埋），以保存组织中酶的活性。

（一）包埋的一般步骤

（1）将包埋框置于玻璃板上，包埋框之间、包埋框与玻璃板之间不能留有缝隙，以防熔化的石蜡外流。

（2）将熔化的石蜡（硬蜡）倾入包埋框中。

（3）迅速夹取浸蜡组织块，放入包埋框内，应注意组织块的位置和方向。

（4）待石蜡凝固后，将载有包埋框和石蜡的玻璃板移入冷水中，使其迅速冷凝。

（5）取出凝固的蜡块，进行修整，切下组织块周围多余的石蜡，使蜡块成为正方形或长方形。

包埋好的蜡块如出现白色混浊或其中存有像雪花样的石蜡结晶，表明组织可能脱水不充分或组织内混有透明剂，使石蜡透入不完全，或因包埋时动作太慢，待组织块进入包埋框内时四周的蜡已出现凝固状态。此外，石蜡凝固太慢也会产生结晶，所以冷却水温应尽量低。一般用自来水冷却，也可在水中加入冰块以降低水温。包埋蜡块一旦出现上述问题一般不易切出理想切片，即使返工效果仍欠佳。如果材料用于精密检查，最好重新取材制作组织蜡块。

上述包埋和冷却过程如在石蜡包埋机和冷台上操作，则可避免人工操作可能出现的一些问题。

（二）各组织器官包埋方法

与固定时的取材部位对应，包埋时同样应注意包埋面的对应，以下是各组织的包埋方法。

（1）心脏　横切左右心房、左右心室，纵沟含左右心室的心尖部，各取 1 块，心肌纵切。

（2）肺(含支气管，左右)　横切左叶及右叶各 1 块。

（3）气管　大鼠，不测定甲状腺重量时，含食管、甲状腺横切，取一块；大鼠，测定甲状腺重量时，小鼠，含食管横切，取 1 块。

（4）胃　由胃大弯从前胃到腺胃纵切取 1 块。

（5）十二指肠　含幽门部纵切取 1 块。

（6）空肠　纵切取 1 块。

（7）回肠　含淋巴小结纵向取 1 块。

（8）盲肠　横切取 1 块。

（9）结肠　含结肠襞纵向取 1 块。

（10）直肠　含肛门纵向取 1 块。

（11）肝脏　横切中间叶、右叶尾部，纵切左叶、右叶头部，各取 1 块。

（12）胆囊(只有小鼠)　连同中间叶 1 起横切，取 1 块。

（13）颌下腺(含舌下腺，左右)　左右含舌下腺部分，各取 1 块。

（14）胰腺　胰腺较厚部分取 1 块。

（15）胸腺　含左右叶横切各取 1 块。

（16）脾脏　横切、纵切，各取 1 块。

（17）下颌淋巴结　直接制作。

（18）肠系膜淋巴结　直接制作。

（19）脑　含左大脑半球，小脑及延髓(纵切取 1 块)，右半球部分横切(取 2 块)。

（20）肾脏(左右)　右侧纵切，左侧横切，含乳头部各取一块。

（21）肾上腺(左右)　左右直接制作。

（22）膀胱　横切取 1 块。

（23）卵巢(左右)　左右直接制作。

（24）子宫阴道　不测定子宫重量时，左右子宫角纵向各取 1 块，从左右子宫角到子宫颈部及阴道部纵向取 1 块。腹侧面为包埋面。

（25）骨骼肌　横切包括坐骨神经部分，取 1 块。

八、切片

切片(section)是将修整好的蜡块置于切片机上切成薄片。目前,虽然各种型号、类型的切片机很多,如轮转切片机、电动轮转切片机、全自动轮转切片机、滑动式切片机、平推式切片机、振动式切片机、全自动旋转切片机等,但常用于病理的石蜡包埋切片机仍然是轮转切片机。但现代新型轮转切片机性能优于旧式轮转切片机,使用标准切刀及一次性刀片皆可迅速获取优质的或理想的切片效果。病理切片的厚度一般为 6 μm 左右。如果是用于 DNA 提取的石蜡切片厚度一般为 5~10 μm。

切片应注意以下几方面:①切片如卷曲或脱落,表明刀不锋利,应及时换刀或重新磨刀。②切片总在一定部位出现纵向裂痕,说明刀刃有缺口,切片时应避开此处。③蜡片内组织破碎是一种常见现象,原因是组织脱水、透明不足或过度、或浸蜡不足所致,如严重必须重新取材。④切片时的速度应适中,太慢则切片时断时续不易成带,太快皱卷也不易成带。⑤蜡块或切片刀一定要固定牢固,否则切片时薄时厚也不能成带。⑥切片时如有沙沙声、组织中有小孔,表明透蜡时温度过高,组织已受损害,此现象无法补救。⑦对于在温水内易起皱、不易展平的蜡片,先用酒精(95%酒精∶蒸馏水=5∶95)短时漂浮,再转入温水中。⑧切片刀倾角以 15°~20°为宜。

九、贴片与烤片

贴片是将蜡片黏附于载玻片上的过程。首先用镊子将蜡片置于 45 ℃ 左右的温水浴水面上,切面光亮的一面朝下,待蜡片展平后,用涂有附贴液的载玻片以垂直方向伸入水中捞取漂浮在水面上的蜡片,然后将其调整至左侧合适的位置,吸去蜡片周围的水分,放入 37 ℃ 温箱或 50 ℃ 温箱中过夜或自然晾干。

实验室如有展片台,可将涂有附贴液的载玻片直接放于展片台上,然后滴加生理盐水或蒸馏水,待加热后将蜡片置入其上,蜡片展开后,倒掉载玻片上的水分,摆正切片的位置,放入温箱中烤干或自然晾干。

石蜡切片常用的附贴液是蛋白甘油溶液。其配制方法为:将新鲜蛋白 50 mL 搅拌成泡沫状,待泡沫破裂后过滤,加入等量纯甘油混合均匀,然后加麝香草酚或柳酸钠少许(防腐)。

石蜡切片是最常用的制片方法,也是应该掌握的方法,但其步骤复杂,为了便于掌握和理解,下面附以制作石蜡切片的程序简表,提供的各步骤时间可根据具体情况适当调整。

十、染色

(一) 染色概述

1. 染色

染色(staining)是组织、细胞的某些成分或病理产物与染料通过化学结合或物理作用而呈现出对比鲜明的不同颜色、或产生不同折射率。其目的是提高标本各部分在光学显微镜下的分辨率。

2. 染色的原理

染色是物理作用和化学作用的综合结果,对不同染色所起的作用各不相同。

(1) 物理作用 包括吸收、吸附、渗透和毛细管作用,通过其中一种或多种作用,染料便可进入组织或细胞内。

（2）化学作用　染色的化学作用是利用了染料和组织所具有的酸碱化学性质。组织或细胞中的酸性物质一般与碱性染料结合（碱性染料含有氨基，在溶液内带正电荷，称阳离子染料），而碱性物质则与酸性染料结合（酸性染料含有羧基和磺基，在溶液内带负电荷，称阴离子染料）。如苏木素-伊红染色，呈酸性的细胞核被碱性染料苏木素染色，呈碱性的细胞质被酸性伊红染色。但应注意的是，嗜碱性与嗜酸性都是相对的，如在碱性染液内停留过久，细胞质也可着染碱性染料的颜色。相反，在酸性染料中停留过久，细胞核也能着色。

3. 石蜡切片染色的分类与方法

（1）常规染色、特殊染色与组织化学染色　常规染色即苏木素-伊红（hematoxylin-eosin, HE）染色，是病理学应用最为广泛的染色方法，能较好地显示正常和病变组织的微观结构。特殊染色用于显示与确定 HE 染色中不能观察到的正常组织细胞成分或病变、病理产物的性质及病原微生物的形态和定位等，主要包括某些细胞器和细胞的染色、结缔组织的染色、肌肉组织的染色、神经组织染色、病理性沉着物染色、病原微生物染色等。虽然许多特殊染色已被免疫组织化学技术所取代，但有些特殊染色因其染色时间短、方法简便、试剂价格低廉所以仍有重要的应用价值。组织化学染色用于显示组织或细胞内的各种化学成分（包括核酸、糖原、糖共轭物、脂质、蛋白质、酶、某些生物活性物质及无机成分等），并在显微镜下对其进行定性、定位、定量。

（2）单一染色、复染色与多种染色　单一染色即仅选用 1 种染料进行染色。复染色（对比染色）指选用 2 种性质不同的染料进行染色。多种染色是指选用 3 种或 3 种以上染料呈现不同颜色的染色。

（3）渐进性染色与后退性染色　渐进性染色指被染组织成分由浅至深逐渐着色，染至所需程度终止染色，而其他成分不着色或着色很浅。后退性染色则是指先将组织浓染，超过所需程度，再用分化剂选择性地退掉不该着色部分，而应该着色部分达到适宜程度。一般染色多采用此法。

（4）直接染色与间接染色　直接染色即染料和组织直接结合，不需媒染剂的作用。而间接染色是指染料不能和组织直接结合或结合的能力很弱，必须借助于媒染剂，使染料固着于媒染剂，而媒染剂又固着于组织，方可使染料同组织有效结合。

（5）正色反应与变色反应　正色反应指所染组织成分呈现的颜色和染料的颜色相同。变色反应是指所染组织成分呈现的颜色和染料的颜色不同。

4. 石蜡切片染色的一般程序

石蜡切片染色的一般程序：染色前的处理（脱蜡至水）→染色→染色后的处理（脱水、透明、封固）。

（1）染色前的处理　多数染液以水为溶媒，而切片上的石蜡不溶于水会影响染色，因此在染色前要进行脱蜡处理。一般用二甲苯溶解石蜡，但二甲苯不能与水混合，故还需用由高至低的各级浓度酒精处理（酒精既是二甲苯的溶剂又能与水混合），既置换了存留在组织中的二甲苯，也利于组织切片水洗和染色。经酒精处理后，将切片用自来水和蒸馏水分别冲洗，保持切片洁净，然后进行染色。

（2）染色　按书中介绍的染色程序一般都能显示出所要观察的内容，但要制作出理想的组织切片，还应掌握染色时常出现的问题及一些注意事项。

①配制染液注意事项。配制染液时应严格按规定的程序加入试剂;不能久存的染液需临时配制;要求低温保存的试剂,配制后立即置于冰箱(4 ℃)备用;需避光的试剂用棕色瓶保存,并放于暗处;染液的 pH 是许多染色的关键,尤其有些染液的 pH 不同,所显示的成分也不相同,故染液的 pH 应准确无误;对于不能重复使用的染液尽量少配制,并采取滴染法;重复使用的染液或有沉淀、不纯的染液应过滤,以免污染切片。

②各种染色方法均有供参考的染色时间,但影响染色时间的因素很多,因此可根据染液的染色能力、组织标本的新旧程度、固定时间的长短、染色环境温度等适当延长或缩短。大批量染色时,应进行预染,找到最佳时间再进行正式染色。

③如染液的染色能力较弱,可加促染剂加强染料的染色能力。常规染色和特殊染色一般用冰醋酸做促染剂,但应注意少量多次加入,避免过量而影响着色。

④染色过程中有时会出现切片脱落,补救的方法是将脱落的组织重新捞于载玻片上,按滴染法处理切片。

(3) 染色后的处理　用干性封固剂封藏的各种染色切片,均需经过脱水、透明和封固处理过程。常规染色和多数特殊染色,常用酒精脱水、二甲苯透明,但有些特殊染色则需用丙酮或其他脱水剂脱水。因脱水剂对很多染色有分化或对某些颜色有减弱作用,所以脱水时应掌握适度。

封固剂分干性封固剂和湿性封固剂 2 种,前者应用较多,可永久保存。中性光学树胶(简称中性树胶)是最常用的干性封固剂。

(二) 石蜡切片常规染色(HE 染色)

HE 染色是病理学、组织学、细胞学及生物学等学科最基本的染色方法。在病理诊断和病理学研究中具有重要的应用价值。

1. **试剂配制**

(1)苏木素染液　苏木素染液有多种配法,此处仅介绍改良的 Ehrlich 苏木素染液配制方法。

苏木素	2 g
纯酒精	100 mL
甘油	100 mL
蒸馏水	100 mL
冰醋酸	10 mL
钾明矾	1.5 g

将苏木素溶于乙醇中,然后加入其他药品,暴露于日光下大约 8 周,加入 300 mg 碳酸钠,使苏木素氧化,立即可使用。

(2) 伊红染液　伊红有水溶和醇溶之分。伊红 Y 为水溶性伊红,伊红 B 为醇溶性伊红。

①0.5%～1%水溶性伊红染液:取伊红 Y 0.5～1 g,蒸馏水 100 mL。先用少量蒸馏水将伊红溶解,然后加蒸馏水至 100 mL,并滴加一滴冰醋酸。染色时间为 1～5 min。

②0.5%醇溶性伊红染液:取伊红 B 0.5 g,90%酒精 100 mL 混合后即成。染色时间为1～3 min。

(3) 分化液

①0.5%盐酸酒精溶液。浓盐酸 0.5 mL,70%酒精 100 mL。

②0.5%盐酸水溶液。浓盐酸 0.5 mL,蒸馏水 100 mL。

（4）弱碱性水溶液 将 0.5 mL 氢氧化铵(氨水)溶于 100 mL 自来水中。

2. 染色程序

①二甲苯Ⅰ、Ⅱ脱蜡各 5～10 min。

②无水乙醇Ⅰ、Ⅱ各 2～5 min。

③95％酒精 2～5 min。

④80％酒精 2～5 min。

⑤70％酒精 1～3 min。

⑥蒸馏水洗 2 min。

⑦入苏木素染液染色 3～10 min。

⑧流动自来水冲洗 3～5 min。

⑨0.5％盐酸酒精溶液分化数秒钟。

⑩流动自来水洗(显蓝)5～10 min。

⑪弱碱性水溶液 30 s～1 min(可省略)。

⑫流动自来水冲洗 5～10 min 或更长。

⑬入伊红水溶液 1～5 min 或入伊红醇溶液数秒。

⑭蒸馏水速洗。

⑮80％酒精 15～30 s。

⑯95％酒精 30 s 至 1 min。

⑰无水乙醇Ⅰ、Ⅱ各 5 min。

⑱二甲苯Ⅰ、Ⅱ各 5 min。

⑲中性树胶封固。

3. 结果

细胞核染成蓝色,细胞浆呈粉红色,红细胞为鲜红色(彩图 1)。

4. 注意事项

①脱蜡应彻底,否则影响染色。脱蜡干净的组织切片为透明状,而脱蜡不净的组织切片有蜡痕或呈白色云雾状,应重新脱蜡。

②染色时间的长短主要取决于染液的新鲜程度、染色能力的强弱、组织特性、样品的新旧、固定液的种类及其固定时间的长短、环境温度等。一般新配制的染液、新鲜组织、固定时间较短的组织以及胞核密集的组织染色时间短,而对于陈旧的染液、陈旧的组织应适当延长染色时间。

③分化是染色的关键,它的作用是把浓染的部分褪至适当的程度,把由于吸附作用染上去的颜色去掉。如果分化过度,细胞核染色浅,仅能看到核的轮廓,甚至形态不清楚。如果分化不足,细胞核染色过深,不能辨认核的微细结构,同时细胞质也被着色,进一步影响伊红的染色。为了易于控制分化程度,分化液的浓度不宜超过 1％,当组织经分化由原来的深蓝色变为红色时,即可中止分化。对无经验的初学者来说最好以镜下观察结果为准。

④苏木素染色的组织切片经分化后颜色由深蓝色变成粉红色,但经自来水冲洗、弱碱性水溶液处理又变成蓝色,这一过程称为显蓝,也称返蓝或促蓝。显蓝是 HE 染色所必需的,它不仅能确定苏木素染色程度和分化是否适度,同时还能增强染色的强度。

⑤染色后脱水所用 80％、95％酒精除有脱水作用外,还兼有分化作用,因此作用时间不宜

过长，但在无水酒精中可适当延长时间，以达到彻底脱水的目的。如果切片进入二甲苯后不透明，呈白色云雾状，表明脱水不彻底，此时应查找原因。如倒退回去，从 95% 酒精重新脱水仍出现上述情况，说明脱水用酒精纯度不够，已不再是原浓度或用于透明的二甲苯使用过久混入水分，此时可将各级脱水用酒精或二甲苯更换新液，即可消除。

第二节　冰冻切片技术

冰冻切片（freezing sectioning）也是病理学常规制片技术。它是将所取新鲜病理材料直接或经固定后快速冷冻，然后再进行切片。同石蜡切片相比，冰冻切片的突出优点是组织不经脱水、透明、浸蜡等程序，因而可缩短制片时间，快则 10 min 左右即能制成切片，更重要的是能够较完好地保存酶类及各种抗原活性，尤其是对热或有机溶剂耐受能力弱的酶及细胞表面抗原。同时因组织样品不经有机溶剂处理直接切片，所以能很好地保存脂类物质。鉴于上述优势，冰冻切片常用于组织化学尤其酶组织化学、某些特殊染色（如脂类物质和某些神经组织染色、免疫组织化学或核酸原位杂交以及临床快速病理诊断等）。但冰冻切片也有不足之处，主要是冷冻过程中组织细胞内容易形成冰晶，影响细胞形态及抗原等定位，这一问题通常可采取"骤冷"、速冻的方法加以解决。此外，冰冻切片还有不易切薄片、染色不及石蜡切片清晰等缺点。

一、取材

冰冻切片的取材和石蜡切片相同，但应注意组织样品不宜过大过厚，否则不易冰冻。

二、固定

冰冻切片根据需要可用新鲜组织（不固定）或低温冰箱冷藏的组织块，也可用固定的组织。如果需要固定，为防止酶和其他物质的移动、弥散，常在 4 ℃ 固定 18 h 后进入阿拉伯胶—蔗糖液包埋剂处理（18～24 h，4 ℃），吸干，骤冷时不必用液氮。冰冻切片所用样品的固定，多用甲醛液，一般短时水洗即可冻切。如果是经酒精固定的组织，必须经 12～24 h 流水冲洗，完全除去组织内的酒精，否则酒精冰点低，对冷冻有抑制作用。同时还应在洗去酒精后，再放入甲醛液固定 3～4 h。对于 Zenlcer 氏液固定的组织，也应在漂洗后经甲醛液重新固定。阿拉伯胶-蔗糖包埋剂配制：阿拉伯胶 1 g，蔗糖 30 g，蒸馏水 100 mL。配制后贮存于 4 ℃ 冰箱内备用。

三、切片

（一）切片

冰冻切片的方法可分为 3 种，即恒冷箱切片、半导体制冷切片、CO_2 冰冻切片，以前两种常用。

1. 恒冷箱切片机切片

恒冷箱切片机的型号因国内外厂家不同而有很多，但其性能基本相同，只是在一些结构部位及操作上不完全一样，为此对各类型的恒冷切片机的性能和操作程序，应以仪器说明书为准，尤其对抗卷板与切片刀的关系要认真调整适宜，才能切好较薄的切片（10 μm 以下）。

恒冷箱切片机实际上就是装有切片机的低温冰箱，温度可调到恒定的低温，一般为 -40～

−20 ℃。切片机的操作控制柄安装在恒冷箱的外面,在恒冷箱上面有玻璃窗,内有照明灯,有专门取样品的门,双手可伸进箱内操作,但切片时应将门关上,保持恒温,在箱外操作。切片时的温度一般控制在−25～−15 ℃(多数组织可在这种低温条件下得到理想的切片),将新鲜组织或固定的组织,用液氮、干冰等冷冻后进行切片,也可将组织块直接放置恒冷箱内,经组织吸热器处理后切片,还可把组织直接置于包埋托上,滴加 OCT(optimal cutting temperature, OCT)包埋剂或甲基纤维素,待其遇冷固化后直接进行切片。冰冻切片的厚度为 6～8 μm。恒冷箱切片的主要优点在于可获得较薄的连续冰冻切片(可切成 2～5 μm)。

2. **半导体制冷切片机切片**

切片机由整流电源和半导体制冷器构成,后者的主要部件是冷台和冷刀两部分,用整流电源来控制温度。切片是在室温下进行。组织块放在切片机载物台后,要注意先接通循环水源再调节制冷电源,使组织及切片刀致冷后切片。切片厚度一般为 10～20 μm。

3. **CO_2 冰冻切片**

在室温条件下,组织样品直接放在切片机载物台上,滴加蒸馏水或 1%葡萄糖水溶液,用压缩的 CO_2 气体喷射到组织样品及切片刀上,冻结后进行切片。此法所用组织块大小应约 0.5 cm×1 cm×1 cm,切片一般较厚,为 10～15 μm。

(二) 组织样品的速冻方法

为了防止冰冻时在细胞内形成冰晶,影响细胞结构,通常采取骤冷或速冻加以解决。常用的方法有液氮法和干冰–丙酮法。

1. **液氮法**

将组织样品平放于瓶盖或样品盒等适当容器中,再缓慢放入盛有液氮的小杯内。当组织样品接触液氮开始汽化沸腾后,使组织块保持原位,组织即由底部向表面迅速冷冻形成冻块,取出后用铝箔包好,编号存入液氮罐或−70 ℃低温冰箱内,可保存数月至数年。如短期内用,可保存于−30 ℃冰箱内。

2. **干冰–丙酮法**

将组织块放进内盛 OCT 包埋剂或甲基纤维素糊状液的容器内,组织块完全浸没即可。把丙酮倒入盛有 10 g 干冰的保温杯调成糊状,再将装有组织块的标本盒放入保温杯,待包埋剂成白色冻块时取出,如上法保存。

四、贴片与保存

1. **贴片**

未经固定的新鲜组织样品切片可直接贴在没有涂抹附贴液的洁净载玻片上,在孵育过程中不易脱落。但经固定的组织样品切片在孵育时易脱落,因此要用涂蛋白甘油或明胶–甲醛液(1%明胶 5 mL,2%甲醛 5 mL 混合而成)的载玻片进行贴片。切下的冰冻切片可直接迅速贴片,也可将其推入水中,再捞于载玻片上。

2. **保存**

贴好的冰冻切片可晾干或放置于 37 ℃恒温箱烤干(1 h 或过夜),使组织切片和载玻片牢固黏附,之后进行染色。如暂时不染色,可用锡箔纸包好后置冰箱中保存,一般在 4 ℃可保存 1 周左右,−20 ℃下 1～3 个月,−70 ℃下 6～12 个月。

五、制作冰冻切片时的注意事项

（1）切片时组织冷冻要适宜,过度切片易碎,也易损伤刀口,冷冻不足时无法制片。这一点需要在实践中逐渐掌握。

（2）切片刀刃要锋利,切片动作也要迅速。

（3）新鲜组织不可放入−10 ℃冰箱内缓慢冷却,否则组织内形成冰晶,造成组织结构破坏。

（4）组织样品速冻时,标本盒不可直接浸入液氮,以免组织膨胀破碎。

（5）半导体制冷切片时,先接通散热器的环流水,然后接通电源,注意正负极,切勿接反。半导体制冷机和切片机配合安装稳定后,先开水源,后开电源。切片结束后,应先关电源,后关水源。

六、冰冻切片常见染色方法

与常规石蜡切片相比,冰冻切片的染色有所不同,本文仅以下列方法示例。

（一）HE 染色

为了防止冰冻时在细胞内形成冰晶,影响细胞结构,通常采取骤冷或速冻加以解决。常用的方法有液氮法和干冰-丙酮法。

常规 HE 染色方法如下。

①冰冻切片固定 10～30 s。

②稍水洗 1～2 s。

③苏木精液染色(60 ℃) 30～60 s。

④流水洗去苏木精液 5～10 s。

⑤1％盐酸乙醇 1～3 s。

⑥稍水洗 1～2 s。

⑦促蓝液返蓝 5～10 s。

⑧流水冲洗 15～30 s。

⑨0.5％曙红液染色 30～60 s。

⑩蒸馏水稍洗 1～2 s。

⑪80％乙醇 1～2 s。

⑫95％乙醇 1～2 s。

⑬无水乙醇 1～2 s。

⑭无水乙醇 2～3 s。

⑮二甲苯(Ⅰ) 2～3 s。

⑯二甲苯(Ⅱ) 2～3 s。

⑰中性树胶封固。

（二）免疫荧光染色

冰冻切片免疫荧光染色的常规方法如下。

①取出冰冻切片,室温放置使其干燥后,用冷丙酮于 4 ℃固定 10 min。

②用 0.01 mol/L PBS 清洗切片后加入 1.2%双氧水作用 30 min,以除去非特异染色。

③0.01 mol/L PBS 清洗,3 次×10 min。

④0.3% Triton X-100 作用 30 min。

⑤加入以抗体稀释液(含 1% BSA 的 0.01 mol/L PBS,pH 7.4)稀释至工作浓度的一抗(以下称"一抗"),4 ℃过夜。

⑥0.01 mol/L PBS 清洗,3 次×10 min。

⑦加入荧光抗体 TRITC-IgG(1∶100)或 FITC-IgG(1∶100),室温孵育 2 h。

⑧0.01 mol/L PBS 清洗,3 次×10 min。

⑨缓冲甘油封片,荧光显微镜下观察。

对照组:采用空白对照,除用 0.01 M PBS 代替一抗外,其余程序与实验组相同。

(三) 免疫组化染色

冰冻切片免疫组化染色常规方法如下。

①染色前用冷丙酮在 4 ℃固定 10～20 min。

②PBS 洗 2 次,每次 5 min,(必要时应用 0.1%柠檬酸钠＋0.1%triton 打孔)。

③3% H_2O_2 灭活内源性过氧化物酶,20 min,避光。

④PBS 洗 2 次,每次 5 min。

⑤正常血清封闭。从染片缸中取出切片,擦净切片背面水分及切片正面组织周围的水分(保持组织呈湿润状态,)滴加正常山羊或兔血清(与二抗同源动物血清)处理,37 ℃,15 min。

⑥滴加一抗。用滤纸吸去血清,不洗直接滴加一抗,37 ℃ 2 h(也可置于 4 ℃冰箱过夜)。

⑦PBS。5 min,2 次(置于摇床)。

⑧滴加生物素化的二抗,37 ℃,40 min。

⑨PBS。5 min,2 次(置于摇床)。

⑩滴加三抗(SAB 复合物),37 ℃,40 min。

⑪PBS。5 min,2 次(置于摇床)。

⑫DAB 显色,镜下观察,适时终止(至自来水冲洗时终止)。

⑬自来水充分冲洗。

⑭苏木素复染,室温,30 s,自来水冲洗。

⑮自来水冲洗返蓝,15 min。

⑯梯度酒精脱水。

⑰二甲苯透明Ⅰ,Ⅱ(二甲苯)各 5 min。

⑱封片。中性树胶封片。

第三节 组织化学技术

组织化学(histochemistry)是运用物理学、化学、免疫学和分子生物学等相关学科的原理与技术,对组织细胞内的化学成分(碳水化合物、核酸、酶、蛋白质、脂质、某些生物活性物质、无机成分等)、化学反应及其变化规律进行定性、定位和定量研究的科学,也是介于这些学科之间的一门边缘学科。

组织化学虽然不是一门全新的学科,但近几十年来,随着细胞生物学与分子生物学、免疫学等相关学科的迅猛发展,组织化学的内容不断拓宽,新理论、新技术不断问世,并产生许多分支。因此现代组织化学的概念,已远远超过原有范围,无论从理论、内容、技术和研究范围均比过去更广泛、更深入,并可将形态、生物化学、分子生物学及生理功能等紧密联系起来。组织化学技术目前已被广泛应用于生命科学许多领域,同时也广泛应用于病理学诊断与研究中。

一、组织化学方法的分类

1. 化学方法

此方法是根据化学反应原理,在组织切片上生成可视沉淀以显示靶物质的存在及定位,大多数组织化学反应属于此类。

2. 类化学方法

此类方法虽然显色反应有特异性,但机制尚不明了,如胭脂红显示糖原法。

3. 物理学方法

此方法是根据物质的物理学特性建立的一些方法,如荧光分析法、组织吸收光谱法、组织X射线显微分析法、放射自显影技术、图像分析、能谱分析、显示脂质的脂溶性染料染色法等。

4. 免疫学方法

此方法是利用免疫学原理研究细胞内的化学成分及病原微生物等,如免疫组织化学、免疫电镜技术。

5. 显微烧灰法

此方法用于检测组织燃烧后残留物中的无机物质和微量元素。

二、组织化学技术的基本要求

①组织化学的精确定性、定位和定量依托完整的组织结构。因此应尽可能完好地保存组织、细胞生前的状态,包括形态、化学成分、酶的活性。

②组织化学反应的最终产物必须是不溶的、有颜色的沉淀或结晶,而且颜色的深度与靶物质的含量或活性有一定的比例关系。

③反应产物应具有高度稳定性和可重复性。

④被观察的靶物质尽可能在组织、细胞的原位显示出来,以保证定位的准确性。

⑤组织化学反应应具有灵敏性和特异性。

⑥多数组织化学反应需要设对照实验。

⑦组织化学技术的基础是已知的化学反应,不能依靠"经验"。因此,必须掌握组织化学反应的全过程及影响反应的各种理化因素(包括温度、pH、激活剂和抑制剂等)。同时还应了解制片过程对组织化学反应的影响,如固定剂、切片制作等。

三、组织化学反应的基本原理

(一) 酶组织化学证明法及其原理

在动物和人体内分布着多种结构以及功能不同的酶(enzyme),它们是生物体内具有催化活性的特殊蛋白质，参与机体的各种机能活动，没有酶，体内生物化学反应就无法进行，意味着生命活动无法进行。

国际生物化学酶学委员会（E.C）已登记的酶有 2 200 多种，但用组织化学技术所能显示并进行定性、定位和定量的酶仅有 200 多种。这些酶均不具有使其本身直接可视的特性，必须通过某些方法在一定条件下，使组织细胞内的酶作用于特定的底物，再把底物的分解产物作为初级反应产物，在原作用部位进行捕捉，使其成为具有可视性的最终反应产物。这种先通过酶的作用形成反应产物，再经捕捉反应来间接证明酶的定位的方法称为酶组织化学反应（enzyme reaction of histochemistry）。酶组织化学证明法有多种，以下仅介绍常用的 3 种。

1. 金属沉淀法（金属-金属盐法）

金、银、铜、铁、铅、钴等金属及其盐均具有颜色，容易发生呈色反应，而酶的分解产物又可和多数金属结合。根据这一特点，用金属捕捉酶反应的分解产物，形成有色金属盐沉淀，以此显示酶活性部位，间接证明目标酶的存在。用此法能够证明的酶多为水解酶。

2. 偶联偶氮色素法（偶氮色素法）

在酶的作用下，用人工合成的酶底物产生分解产物，并与重氮盐结合，引起偶联偶氮反应，使其形成不溶性的偶氮色素，从而证明酶的存在及定位。此法常用的合成底物是萘酚系列化合物，其中萘酚 AS 的衍生物应用效果良好，如萘酚 AS-BI、萘酚 AS-D、萘酚 AS-TR 等。重氮盐种类不同，其偶氮颜色也有差异，可显示蓝、紫、红、褐、黑、棕等各种颜色。因为重氮盐对酶活性有不同程度的抑制作用，所以必须选用其中作用最弱者使用。

偶联偶氮色素法可以证明金属沉淀法所不能证明的一些酶，目前已做许多改进，并被广泛应用。

3. 色素形成法

这是一组显示酶的证明法，主要包括四唑盐法、靛酚蓝法、联苯胺色素法、黑色素形成法、靛蓝形成法和白色色素法 6 种方法。它们与偶联偶氮色素法不同，在酶的作用下，使底物的无色化学物质在作用的局部形成色素沉着，以证明酶的存在。此法可证明各种氧化还原酶、多种脱氢酶及转移酶。

（二）显示核酸的方法及原理

1. Feulgen 反应法

此方法由 Feulgen 和 Rossenbeck 建立（1924 年），是一种显示 DNA 的经典方法，特异性较强，可用于细胞光度计测量，对 DNA 进行定量分析。其原理是用盐酸处理组织，打开 DNA 分子中的嘌呤与脱氧核糖键，释放出活性醛基，醛与无色的 Schiff 试剂结合使其还原，形成具有醌结构的红紫色化合物，从而使 DNA 着色。

2. 甲基绿-派洛宁法

甲基绿-派洛宁法由 Brachet（1942 年）建立，是显示 DNA、RNA 的常用方法。甲基绿、派洛宁均为带正电荷的碱性染料，可分别与 DNA 和 RNA 的磷酸根离子结合，但有结合的条件。甲基绿的反应条件是两个正电荷的距离与 DNA 磷酸根之间的距离相当，故只能染高度聚合的 DNA，而不能染解聚的 DNA 和 RNA 等所有酸性物质。派洛宁的反应是由于 RNA 的聚合度有一定的范围，这则成为其相互间离子结合的条件，故只能染 RNA 和低聚的 DNA。

（三）显示碳水化合物的方法及原理

碳水化合物是糖类及其衍生物的总称。其种类繁多，能用组织化学方法显示的是一些聚合的大分子物质，如糖原、黏液物质等。黏液物质又分中性黏液物质、酸性黏液物质和混合黏液物质或分别称为中性糖共轭物、酸性糖共轭物、混合性糖共轭物。

1. PAS 反应法

PAS 反应法（periodic acid Schiff reaction，PAS）即过碘酸雪夫反应法，是显示糖原的常规染色法。其原理是通过过碘酸将许多糖残基含有的二醇基氧化为二醛，二醛与 Schiff 试剂反应生成红色不溶性复合物。PAS 反应法可显示糖原、中性和部分酸性糖共轭物、软骨、脑垂体、基底膜、脂质、各种色素、淀粉样物质及霉菌等。国外许多著名的病理学实验室将 PAS 反应法作为标准染色方法替代 HE 染色。

2. 显示酸性糖共轭物的阿尔辛蓝染色法

阿尔辛蓝是带正电荷的一种染料，能与酸性糖共轭物中的羧基或硫酸根结合。根据这一特性，阿尔辛蓝被广泛用来显示酸性糖共轭物。阿尔辛蓝染色（Alcian blue，AB）方法有多种，当染液的 pH 为 2.5 时可普遍地显示酸性糖共轭物。

（四）显示脂类物质的方法及原理

脂类包括脂肪（又称中性脂肪）和类脂（包括磷脂、糖脂、胆固醇及脂肪酸等）两大类。它们是有机体内贮存能量和供应能量的重要物质，也是细胞的组成成分之一，与细胞代谢密切相关。显示脂类的方法有物理学方法和化学方法两大类。

1. 显示脂类的脂溶性染料染色法

此方法是显示脂质最常用的物理学方法。常用的脂溶性染料有苏丹（苏丹Ⅲ、Ⅳ、苏丹黑B）、油红 O 和尼罗蓝等。此类染料既能溶于适量浓度的有机溶剂又能溶于脂质，但在脂质中的溶解度更大。根据这一特性，先将染料溶解于浓度适宜的有机溶剂内，浸染时染料便从染液中转移到溶解度更大的脂质中去，使被染的脂质呈现出染液的颜色。这一过程纯属物理的脂溶作用和吸附作用，加温浸染，染色效果更佳。

2. 显示脂类的化学方法

脂类的化学染色方法是脂类与染料发生某种化学结合而显色的显示方法，包括四氧化锇、尼罗蓝（染色有物理和化学两种作用）、酸性氧化苏木素、钙-脂酶、Schultz 反应等。

脂类物质的染色主要用于鉴别病变细胞内空泡的性质（脂肪变性、水泡变性和糖原贮留等均可在石蜡切片常规染色的细胞中出现空泡，为了确定其性质，常用脂质染色进行鉴别），也可用于卵巢纤维瘤与卵泡膜瘤、皮脂腺癌与鳞状细胞癌等肿瘤的鉴别诊断。此外，脂类染色对动脉粥样硬化斑内的胆固醇沉积、脂肪栓塞、一些先天性类脂质沉积病的网状内皮系统的类脂质沉着等也有诊断价值和研究意义。

四、糖原的显示方法

糖原是动物体内碳水化合物的储存形式，主要见于肝细胞、心肌纤维和骨骼肌纤维的细胞质内，毛囊、子宫腺体、中性粒细胞、巨核细胞、软骨细胞、间充质细胞等也有少量糖原存在。细胞内糖原的含量随细胞不同状态（病理或不同生理状态）而改变。

　　糖原染色可用于鉴别石蜡切片 HE 染色时细胞浆内出现的空泡的性质,还可用于诊断与研究糖原贮积病、心肌病变与其他心血管疾病、糖尿病以及某些肿瘤的诊断与鉴别诊断(如肝细胞癌与胆管癌,前者 PAS 反应阳性,而后者为阴性;横纹肌瘤、汗腺瘤 PAS 反应呈阳性)。

　　显示糖原的常规方法为 PAS 反应法。

　　1. 试剂配制

　　(1) 1‰过碘酸氧化液　过碘酸 1 g,蒸馏水 100 mL。配制后冰箱内保存(4 ℃)。

　　(2) Schiff 试剂　取 1 mol/L 盐酸 20 mL、碱性品红 1 g、亚硫酸氢钠 1 g、活性炭 2 g、蒸馏水 200 mL,先将蒸馏水加热煮沸后,去火加入碱性品红,不断振荡使其溶解(溶液为深红色),待其冷却至 50 ℃时过滤,再加入盐酸,溶液温度降至 25 ℃时加入亚硫酸氢钠摇荡(溶液颜色变淡)。将容器密闭后存放于暗处或冰箱内静置 12～24 h。如溶液呈淡黄色或淡粉红色,则加入活性炭,静置 1～2 h,用双层滤绝过滤到棕色烧瓶内,此时溶液应完全无色,称为无色品红液。如果加入亚硫酸氢钠后,溶液呈无色透明状,则不需加活性炭,直接用棕色瓶装好、封口,放入冰箱中保存待用。

　　(3) 亚硫酸氢钠溶液　亚硫酸氢钠 2 g,蒸馏水 180 mL,1 mol/L 盐酸 20 mL。

　　(4) 1 mol/L 盐酸　浓盐酸(比重 1∶19,含量 37%)8.5 mL,蒸馏水 91.5 mL。

　　2. 操作步骤

　　①石蜡切片(6 μm)脱蜡至水。②蒸馏水洗 2 min。③过碘酸氧化 2～10 min。④自来水充分洗 5 min 后,用蒸馏水洗 2 min。⑤加入 Schiff 试剂浸染(加盖)10～20 min。如果室温低可延长 10～20 min。⑥不经水洗直接用亚硫酸氢钠溶液洗 3 次,每次 2 min,之后流水冲洗 10 min。⑦Harris 明矾苏木素染核 2～3 min。⑧0.5%盐酸酒精分化数秒钟。⑨流水冲洗至返蓝。⑩95%乙醇、无不乙醇脱水,二甲苯透明,中性树胶封固。

　　3. 对照片处理

　　脱蜡后,用 1%淀粉糖化酶 37 ℃消化 1 h。

　　4. 结果判定

　　糖原及中性糖共轭物、部分酸性糖共轭物呈红色(PAS 反应呈阳性),细胞核呈蓝色。对照,PAS 反应为阴性(彩图 2)。

　　5. 注意事项

　　①因机体死亡后糖原极易受到破坏,因此取材时必须保证所取样品新鲜并及时固定。②糖原易溶于水,应避免用含水固定液固定。常用固定剂为 Carnoy 氏液、Gendre 氏固定液、Rossman 固定液等。③为了避免脂类和糖脂的干扰,最好不用冰冻切片。④过碘酸氧化时间不能超过 15 min,否则会出现非特异性反应。⑤理想的 Schiff 试剂应为无色透明溶液,如变为橘红色或粉红色时,表明已失效,不能再用。⑥亚硫酸氢钠冲洗液必须临用前配制,用过或放置后不能再用。⑦复染细胞核以淡染为宜。⑧组织切片可因各种原因而有自由醛基存在,最好做阳性对照。用一张相邻的切片不经过碘酸氧化直接加入 Schiff 试剂中,若出现红色,即为假阳性。必要时也可用硼氢化钠在过碘酸氧化前封闭自由醛基。

五、几种常用的酶组织化学显示方法

(一) 酸性磷酸酶

　　酸性磷酸酶(acid phosphatase,ACP)是溶酶体的标志酶,广泛分布于生物界,高等动物全身所有细胞几乎都含有此酶,但以前列腺的分布最多,肝、脾次之。ACP 参与脂类代谢、钙离子依赖的神经递质释放过程。在组织细胞的损伤与修复过程中或核酸和蛋白质代谢活动增强时,ACP 活性增强。许多恶性肿瘤的 ACP 呈强阳性,如前列腺癌、胃癌、肺癌、乳腺癌和表皮样癌等。

ACP 在酸性环境下催化水解磷酸单酯生成磷酸和醇,最适 pH 为 4.8～5.2。抑制剂因组织差异而不同。酒石酸和氧化物可抑制前列腺中的 ACP,但不能被 0.5％甲醛液抑制,这 3 种抑制剂对肝源性 ACP 均有抑制作用。

随着酶组织化学技术的发展,显示酸性磷酸酶的方法不断增多,如金属盐法、改良的金属盐法(Mayahama 法、横山正夫法、二甲亚砜法、Berry 法)、偶氮色素法(Burstone 法、Barka-Anderson 法)及单克隆抗体免疫组织化学方法。在此仅介绍改良金属盐法中的二甲亚砜(DMSO)法(Mayahara 和 Chang,1978)。此法是完全按 Gomori 法配制孵育液,以醋酸盐缓冲液 45 mL 调节 pH 到 4.85 后加入 10％二甲亚砜,孵育液内不出现混浊。它可增加 ACP 的活性,甚至对 ACP 活性不易显示的培养细胞也有效果。

1. 反应原理

β-甘油磷酸钠在酸性环境中,经 ACP 作用,释放出磷酸,磷酸被孵育液中的硝酸铅捕获,形成磷酸铅,再与硫化铵作用形成棕色硫化铅沉淀,以此显示酶活性部位。

2. 孵育液的配制

0.05 mol/L 醋酸盐缓冲液(pH 5.0)	10 mL	蔗糖	0.8 mg
硝酸铅	10 mg	3％ β-甘油磷酸钠	1 mL

3. 阴性对照

从孵育液中去除底物或在孵育液中加 ACP 的特异性酶抑制剂氟化钠(0.01 mol/L)。

4. 操作步骤

①新鲜组织冰冻切片(6～10 μm)用 10％中性福尔马林固定 10 min 或组织先经冷 10％中性福尔马林固定 30～60 min 后再做冰冻切片;石蜡切片用冷丙酮固定。②蒸馏水洗 2 min。③入孵育液孵育 1～4 h(37 ℃)。④双蒸水洗 5 min。⑤1％硫化铵水溶液(新鲜配制)1～2 min。⑥蒸馏水充分漂洗后甘油明胶封固。

5. 结果

反应阳性部位呈棕褐色。

6. 注意事项

①ACP 为可溶性酶,以冷固定效果更佳。②醋酸盐缓冲液不耐保存,需临时配制,立即使用。③孵育液必须新鲜配制,尽快使用。④孵育时间不能过长,否则会发生酶扩散和胞核染色的现象。

(二) 碱性磷酸酶

碱性磷酸酶(alkaline phosphatase,AKP)是一组底物特异性不强的酶,在碱性环境下可催化各种醇和酚的磷酸酯水解,还具有磷酸的转移作用。其最适 pH 为 9.2～9.4。此酶广泛分布于转运功能活跃的细胞膜上,如小动脉和毛细血管的内皮细胞、肝毛细胆管膜、肾近曲小管刷状缘、小肠上皮纹状缘、骨细胞、中性粒细胞及神经细胞的突触膜等。Mg^{2+}、Mn^{2+} 和某些氨基酸可激活 AKP,而氰化物、碘液、砷酸盐等则抑制它的活性,甲醛、丙酮、乙醇等固定剂和石蜡包埋过程也可不同程度地抑制 AKP。

　　AKP 是病理学研究和诊断最常用的酶指标之一,在肝脏疾病、骨疾患、白血病尤为重要。血清中 AKP 的检测在兽医临床诊断中也具有十分重要的实用价值。

　　显示组织中 AKP 的方法有很多,但以 Gomori 氏改良钙-钴法最为常用。

　　1. Gomori 氏改良钙-钴法的反应原理

　　AKP 在 Mg^{2+} 作激活剂、pH 为 9.2～9.4 的条件下,将底物 β-甘油磷酸钠(或 α-萘酚磷酸钠)水解为甘油钠和磷酸,后者被孵育液中的氯化钙捕获生成磷酸钙沉淀,因其无色,需再加入硝酸钴,使磷酸钙转变成磷酸钴沉淀(无色),再通过硫化铵处理,形成棕黑色硫化钴颗粒沉淀,根据黑色程度判断此酶的活性强弱。

　　2. 孵育液的配制

3％β-甘油磷酸钠	10 mL	2％巴比妥钠	10 mL
2％无水氯化钙	20 mL	2％硫酸镁	5 mL
蒸馏水	5 mL		

将孵育液最终的 pH 调至 9.2～9.4。

　　3. 阴性对照

从孵育液中去除底物或用左旋咪唑等抑制剂处理。

　　4. 操作步骤

①新鲜组织做冰冻切片(6～10 μm),用 10％中性福尔马林固定 10 min 或不固定。②放入孵育液作用 10～60 min,恒温 37 ℃。③蒸馏水冲洗 5 min,2～3 次。④2％硝酸钴水溶液作用 5 min。⑤蒸馏水洗 5 min,2～3 次。⑥1％硫化铵水溶液 1 min。⑦蒸馏水冲洗后甘油明胶封固。

　　5. 结果

AKP 活性部位呈棕黑色(彩图 3)。

　　6. 注意事项

①孵育液应保存于冰箱内,用前取出,并提前放入温箱使之达 37 ℃,再将切片置入孵育液。②硫化铵临用前配制。③此方法的反应产物可发生扩散,故有时定位欠准确。④AKP 能耐受固定,可用于石蜡切片,孵育时间适当延长(30 min 至 2 h)。

(三) 三磷酸腺苷酶

　　三磷酸腺苷酶(adenosine triphosphatase,ATPase)可将底物三磷酸腺苷水解生成二磷酸腺苷和磷酸,同时产生能量。其种类繁多,较为重要的有以下几种。①细胞膜 ATP 酶:包括 Na^+、k^+-ATP 酶和 Ca^{2+}、Mg^{2+}-ATP 酶,前者在 Mg^{2+} 存在下可被 Na^+、K^+ 激活,最适 pH 为 7.2,抑制剂为 Ca^{2+} 和苦毒毛旋花子苷等;后者可被 Ca^{2+}、Mg^{2+} 激活,最适 pH 为 7.5。此种 ATP 酶主要分布于分泌功能活跃的细胞膜上,是参与主动转运的离子泵的重要成分。②线粒体 ATP 酶:为 Mg^{2+} 激活的酶,最适 pH 因器官组织不同而不同。此酶在心肌最丰富,肝脏次之。心肌细胞线粒体 ATP 酶由 Mg^{2+} 或 Ca^{2+} 激活,肝细胞线粒体 ATP 酶由 Mg^{2+}、Ca^{2+} 同时激活。抑制剂为对一氯汞苯甲酸和氟化物。③溶酶体膜 ATP 酶:在 Mg^{2+} 存在下,可被 H^+、K^+ 激活,最适 pH 为 7.0,可被 N,N′-二环己基碳化二亚胺抑制。此酶与维持溶酶体内的酸性环境(pH 5)有关。④肌球蛋白 ATP 酶:可被 Ca^{2+} 激活、Mg^{2+} 抑制,最适 pH 为 9.0,定位于骨骼肌肌丝,能分解 ATP,为肌细胞收缩供能。根据其活性高低可将骨骼肌分为Ⅰ型肌(又称红肌,酶活性高)和Ⅱ型肌(又称白肌,酶活性高)。

ATP 酶对肌肉活检标本的病理诊断极为重要,也可作为肝细胞早期受损的敏感指标。同时还被看作是 B 淋巴细胞的标志酶(B 淋巴细胞及其肿瘤显阳性,而 T 淋巴细胞及其肿瘤显阴性)。

以下介绍显示质膜 ATP 酶的常用方法——Wachstein-Meisel 氏 Mg^{2+} 激活的三磷酸腺苷酶显示法(即硝酸铅法)。

1. 反应原理

ATP 酶水解三磷酸腺苷二钠盐释放出的磷酸,被孵育液中的铅离子捕获生成磷酸铅,磷酸铅经硫化铵处理生成硫化铅黑色沉淀,以此显示质膜 ATP 酶的阳性部位。

2. 孵育液的配制

三磷酸腺苷二钠盐	10 mg
0.2 mol/L Tris-HCl 缓冲液(pH 7.2)	10 mL
2%硝酸铅	1.5 mL
0.1 mol/L 无水硫酸镁	2.5 mL
蔗糖	1.8 g
双蒸水加至	25 mL

3. 阴性对照

除去底物或在孵育液中加入 0.035%的对一氯汞苯甲酸以抑制线粒体及肌球蛋白 ATP 酶。

4. 操作步骤

①新鲜组织冰冻切片(6~10 μm)。②10%冷福尔马林或 10%冷甲醛钙固定 10~20 min。③蒸馏水冲洗 2 次,1 min/次。④入孵育液于恒温箱中(37 ℃)孵育 10~60 min。⑤蒸馏水洗 2 次,1 min/次。⑥入 1%硫化铵 1 min。⑦蒸馏水洗 2 次,1 min/次。⑧甘油明胶封固。

5. 结果

ATP 酶活性处呈棕黑色。肝细胞毛细胆管和神经细胞膜显强阳性,近曲小管刷状缘、远曲小管基部皱褶、肾小球、毛细血管、肌质膜及质膜下小泡、B 淋巴细胞及其肿瘤等显阳性。

6. 注意事项

①ATP 酶耐受性较差,尽量不固定,但未经固定的新鲜组织线粒体 ATP 酶有阳性反应(组织经固定后线粒体 ATP 酶一般不显示)。②硝酸铅应逐滴加入,随时搅拌,因有沉淀生成,故应过滤后使用。

(四) 非特异性酯酶

非特异性酯酶(nonspecific esterase,NSE) 主要定位于溶酶体和内质网,在线粒体和胞液内也有少量分布,其最适 pH 为 5.0~8.0。目前认为此酶主要参与酯类物质代谢,也与蛋白质代谢活动有关。在肝细胞、肾近曲小管上皮细胞、胰外分泌部腺细胞、小肠和结肠上皮细胞、贲门腺等非特异性酯酶活性很高,巨噬细胞和树突状细胞含量也很丰富。T 淋巴细胞及其肿瘤呈局限性点状阳性,故 NSE 可作为 T 淋巴细胞的标记酶。

显示非特异性酯酶的方法有很多种,其中包括偶氮色素法、吲哚酚法、8-羟喹啉铋盐法、嗜铬性硫酯法、嗜铬性多聚体生成法、硫代乙酸法、金-硫代乙酸法等,这些方法的原理各不相同。

下面介绍偶氮色素法中常用并显色效果较好的 Mueller-Ranki 萘酯六偶氮品红法(即六偶氮副品红 α-醋酸萘酯改良法)。

1. 反应原理

非特异性酯酶在酸性环境下(pH 5.8~6.2)将乙酸-α-萘酯水解成 α-萘酚和乙酸,前者与六偶氮副品红偶联形成棕红色至棕色的偶氮色素,沉着于酶的存在部位。

2. 试剂配制

(1)4%副品红盐酸溶液　副品红 1 g,加入 25 mL 2 mol/L 盐酸中,充分溶解,隔日过滤,置于冰箱内保存(4 ℃)。

(2) 2%乙酸-α-萘酯液　乙酸-α-萘酯 200 mg,乙二醇单醚液 10 mL。

(3) 15 mol/L 磷酸盐缓冲液(pH 7.6)。

A 液:KH_2PO_4 9.07 g,蒸馏水加至 1 000 mL;B 液:Na_2HPO_4 9.47 g,蒸馏水加至 1 000 mL。

临用前分别取 A 液 13 mL、B 液 87 mL 混合。

(4) 4%亚硝酸钠溶液　亚硝酸钠 0.4 g,蒸馏水 10 mL。

(5) 孵育液　取 3 mL 副品红盐酸溶液置于烧杯中,再取等量亚硝酸钠溶液慢慢滴入副品红盐酸液中,边加边摇荡,混合后静置 1~2 min,将此液(六偶氮副品红溶液)缓慢滴入 89 mL 的磷酸缓冲液中充分混合,之后加入乙酸-α-萘酯液 2.5 mL,充分混合后过滤。pH 6.1 左右(5.8~6.4)。

3. 阴性对照

在孵育液内加 10^{-5} mol/L 二乙基-对-硝基苯磷酸盐或加 10^{-4} mol/L 对氯汞苯甲酸(PC-MB)。

4. 操作步骤

①新鲜组织冰冻切片(6~10 μm)。②10%甲醛钙固定 10 min。③蒸馏水冲洗 2 次,1 min/次。④入孵育液置于恒温箱中孵育 30 min 至 1 h 或更长,呈黄褐色为止。⑤蒸馏水洗2 次,1 min/次。⑥用 1%甲基绿复染 1~5 min。⑦95%酒精、无水酒精脱水、二甲苯透明,中性树胶封固。

5. 结果

非特异性酯酶活性部位呈棕红色或棕色,核呈绿色(彩图 4)。

6. 注意事项

此法可用于石蜡切片,但必须低温操作,固定、脱水、透明等均在 4 ℃下进行,低温石蜡浸蜡(50~52 ℃)。

(五) 琥珀酸脱氢酶

琥珀酸脱氢酶(succinate dehydrogenase,SDH)又称延胡索酸还原酶,是线粒体呼吸链的第一个酶,也是线粒体的标志酶,常被用来反映三羧酸循环的情况。此酶存在于所有有氧呼吸的细胞,但以心肌细胞、肝细胞、肾小管上皮细胞最为丰富。SDH 最适 pH 为 7.6,抑制剂有丙二酸盐、汞、硒及氟化物,能和硫氢基结合的试剂,也能抑制 SDH 活性。

显示 SDH 的 Nachlas 硝基蓝四唑法　此法是显示 SDH 最常用而且简单可靠的方法。

1. 反应原理

琥珀酸钠被 SDH 氧化为延胡索酸,脱下的氢离子通过中间氢受体吩嗪甲基硫酸酯将硝基蓝四唑还原为蓝色二甲,以此证明 SDH 的活性部位。

2. 孵育液的配制

取 0.1 mol/L 琥珀酸钠 5 mL,硝基蓝四唑(NBT)5 mg,0.1 mol/L 磷酸缓冲液 5 mL,将 NBT 加入磷酸缓冲液中,充分溶解后加琥珀酸钠。

3. 阴性对照

将孵育液中的琥珀酸钠用磷酸盐缓冲液代替,也可在孵育液中加丙二酸钠。

4. 操作步骤

①恒冷箱制作新鲜组织冰冻切片(6～10 μm)。②入孵育液置于 37 ℃恒温箱内孵育 5～60 min(切片呈蓝色并不再加深为止)。③蒸馏水冲洗 2 次,1 min/次。④10%甲醛钙固定 10 min。⑤蒸馏水洗 2 min。⑥常规脱水、透明、中性树胶封固或不经脱水、透明直接用甘油明胶封固。

5. 结果

SDH 活性部位有蓝色或蓝紫色颗粒。

6. 注意事项

①SDH 对固定剂很敏感,因此孵育前不固定,否则酶活性减弱或消失。②硝基蓝四唑不易溶解,应充分搅拌使其全部溶解,如有沉淀,取上清液。

六、胶原纤维几种常用染色方法

胶原纤维是 3 种纤维中分布最广泛,含量最多的一种纤维。广泛分布于各脏器内。在皮肤、巩膜和肌腱最为丰富。胶原纤维染色主要用于和肌纤维的鉴别,在纤维化病理研究中应用广泛。

(一) 苦味酸-酸性品红法（Van Gieson,1889）

1. 试剂配制

（1）Weigert 氏铁苏木素液

A 液:苏木素	1 g
无水酒精	100 mL
B 液:30%三氯化铁液	4 mL
蒸馏水	100 mL
纯盐酸	1 mL

A、B 两液需分瓶盛放,A 液配制后数天即可用,不宜配制过多,如保存时间过长则染色不良。平时应密封保存,B 液配制后立即可用。临用前将 A、B 两液等量混合。

（2）Van Gieson 氏染液

A 液:1%酸性品红水溶液;B 液:苦味酸饱和水溶液(约 1.2%)。

A、B 两液分瓶盛放。临用前取 A 液 1 份,B 液 9 份混合后使用。

2. 操作方法

①组织固定于 10%甲醛液,常规脱水包埋。

②切片脱蜡至水。

③用 Weigert 氏铁苏木素液染 5～10 min。

④流水稍洗。

⑤1％盐酸酒精迅速分化。

⑥流水冲洗数分钟。

⑦用 Van Gieson 氏液染 1～2 min。

⑧倾去染液,直接用 95％酒精分化和脱水(可放入温箱烤干后,直接透明封片)。

⑨无水酒精脱水,二甲苯透明,中性树胶封固。

3. 结果

胶原纤维呈鲜红色,肌纤维、胞质及红细胞黄色,胞核蓝褐色。

(二) Masson 三色染色法

1. 试剂配制

(1) 丽春红酸性品红液　丽春红 0.7 g,酸性品红 0.3 g;蒸馏水 99 mL,冰醋酸 1 mL。

(2) 苯胺蓝液　苯胺蓝 2 g,蒸馏水 98 mL,醋酸 2 mL。

(3) 亮绿液　亮绿 0.2 g,蒸馏水 100 mL,冰醋酸 0.2 mL。

2. 染色步骤

①切片脱蜡至蒸馏水。

②苏木素染 5～10 min。

③盐酸酒精分化。

④流水蓝化,蒸馏水洗(苏木素可不染)。

⑤丽春红酸性品红液中染 5～8 min。

⑥蒸馏水洗。

⑦1％磷钼酸中染 1～3 min。

⑧不用水洗直接入苯胺蓝液或亮绿液 5 min(如染色效果不佳,可在冰醋酸内脱色后重染)。

⑨水速洗,置 60 ℃温箱中烘干,二甲苯透明,封固。

3. 结果

胶原纤维蓝色(苯胺蓝复染)或绿色(亮绿复染),肌纤维、纤维素红色(彩图 5)。

4. 注意事项

①组织用 Bouin 氏液固定为佳。

②用 1％磷钼酸处理时可在镜下控制,见肌纤维呈红色,胶原纤维呈淡红色即可。

(三) 天狼星红染色法

天狼星红染色法(sirius red)中的天狼星红与其衬染液都是强酸性染料,易与胶原分子中的碱性基团结合,吸附牢固。偏振光镜检查,胶原纤维有正的单轴双折射光的属性,与天狼星红复合染色液结合后,可增强双折射,提高分辨率,从而区分两型胶原纤维。在普通光学显微镜下心脏血管等组织的胶原纤维被染成红色,在偏振光镜下对各种纤维化病变的分型和分级研究有一定的帮助作用。采用免疫组化技术也可显示Ⅰ、Ⅲ型胶原纤维,但所用抗体昂贵,操作费时,而采用天狼星红染色试剂便宜,操作简单。

1. 试剂配制

天狼星红饱和苦味酸液:0.5%天狼星红 10 mL,苦味酸饱和溶液 90 mL。

Mayer 苏木精染色液。

2. 操作步骤

①组织固定于 10%福尔马林中,常规脱水包埋。

②切片厚 6 μm,常规脱蜡至水。

③天狼星红染色液滴染 1 h。

④流水冲洗。

⑤Mayer 苏木精染胞核 8~10 min。

⑥流水冲洗 10 min。

⑦常规脱水透明,中性树胶封固。

3. 结果

偏振光显微镜观察,Ⅰ型胶原纤维呈橙黄色或红色,Ⅲ型胶原纤维呈绿色。

4. 注意事项

①为达到在偏振光镜下显示清晰,本法的切片厚度以 6~7 μm 为宜。

②天狼星红染色液配制时,溶解天狼星红的衬染液为过饱和溶液。

③复染胞核宜用 Mayer 苏木精液,它不影响Ⅰ型和Ⅲ型胶原纤维的数量和双折射强度的显示,如果没有 Mayer 苏木精液,可以采用其他明矾苏木素,但染色时应缩短时间,否则容易染色过深。

④天狼星红染色液必须用专用带塞试剂瓶盛放,对于对光线敏感,容易分解的溶液装在棕色容器中。

七、黑色素常用染色方法

黑色素属于非血源性内生色素,是一组由黑色素母细胞产生的颜色从浅棕色到黑色的色素。这种色素通常出现在皮肤表皮、眼睛、大脑的黑质和毛囊中。黑色素有一个显著的物理性质,即完全不溶解于大多数有机溶剂。几乎可以肯定是由于黑素体中已形成的黑色素可与蛋白质紧密结合。黑色素另一个物理性质是能够被强氧化剂漂白,尽管这个过程是缓慢的。在病理情况下,这种色素也可出现在良性痣细胞瘤中和恶性黑色素瘤中。许多方法可用于识别黑色素和黑色素生成细胞,如还原方法,如 Masson-Fontana 银技术和 Schmorl 三价铁-铁氰化钾还原实验;酶方法(如多巴反应);荧光方法;免疫组织化学。Masson-Fontana 黑色素染色利用黑色素具有将银氨溶液还原为金属银特性即嗜银反应原理来显示黑色素,染色后黑色素呈黑色。本书将介绍 Masson Fontana 银浸法、Lillie 亚铁反应法和 Dopa 黑色素反应法。

(一) Masson Fontana 银浸法(1929 年)

1. 固定

10%中性甲醛液或乙醇液,不能用含有铬酸盐的固定液固定。

2. 试剂配制

Fontana 银液:用 10%硝酸银水溶液 20 mL,逐滴加入浓氨水,至沉淀消失呈微乳白质,加蒸馏水 20 mL。此液贮存在棕色磨口瓶内,置暗处过 24 h 后才可应用,如果此溶液贮存在冷暗处,可保存 1 个月,但最好于 2 周内使用。

3. 染色方法

①切片脱蜡至水。

②用蒸馏水充分洗涤。

③投入 Fontana 银液,置于室温下暗处 18～48 h。

④经蒸馏水洗数次。

⑤用 0.2％氯化金水溶液处理 5 min。

⑥蒸馏水洗 3 min。

⑦用 5％硫代硫酸钠水溶液固定 2 min。

⑧流水冲洗 2 min。

⑨用 1％藏红花红或 Van Gieson 染色 1 min。

⑩自来水洗 1 min。

⑪95％无水乙醇脱水,二甲苯透明,中性树胶封固。

4. 结果

黑色素及嗜银细胞颗粒虽黑色;角蛋白呈橙色;其他呈复染色(彩图 6)。

(二) Lillie 亚铁反应法

1. 固定

10％甲醛及 Carnoy 液,不用含铬盐的固定液。

2. 试剂配制

①硫酸亚铁溶液 硫酸亚铁($FeSO_4 \cdot 7H_2O$)2.5 g,蒸馏水 100 mL。

②醋酸铁氰化钾溶液 1％醋酸水溶液 100 mL,铁氰化钾 1 g。

3. 染色方法

①切片脱蜡至水。

②硫酸亚铁溶液中浸 60 min。

③用蒸馏水洗 20 min(需更换 3 次)。

④在醋酸铁氰化钾溶液中染 30 min。

⑤用 1％醋酸液分化。

⑥入 Van Gieson 液中复染 30 s。

⑦95％无水乙醇脱水,二甲苯透明,中性树胶封固或 DPX 封固。

4. 结果

黑色素呈暗绿色;背景浅绿或不着色。用 V・G 复染时,胶原纤维呈红色,肌肉和胞浆黄色和褐色。含铁血黄素用此染色法也能呈阳性,可结合铁反应法来鉴别。

(三) Dopa 黑色素反应法

本法为经过 Laidliw 修正之 Bloch 法(1932 年)。要求采取新鲜组织或组织固定于 5％甲醛液(至多固定 2～3 h)。用冰冻切片。为预防反应作用受影响,冰冻切片浸水时间不超过数秒钟。

1. 试剂配制

(1) Dopa 贮藏液　溶解 0.2％ 3,4-二羟苯丙氨酸(Dopa)于 100 或 200 mL 蒸馏水。紧

闭瓶口,放入冰箱,可保存数周。此液呈深红色时即失效。

（2）缓冲液　溶解磷酸氢二钠（$Na_2HPO_4 \cdot 2H_2O$）11 g 于 1 000 mL 蒸馏水中（甲液），溶解磷酸二氢钾（KH_2PO_4）9 g 于 1 000 mL 蒸馏水中（乙液）。甲、乙两液分别贮藏于冰箱。

临用时,取甲液 6 mL 及乙液 2 mL 与 25 mL Dopa 贮藏液混合,即成染液。在一定之温度中,反应速度以 pH 为转移。当 pH 为 7.4,温度 37.5 ℃时,则反应在 4～5 h 内完成,若于配制染液时改用乙液 1 mL,则 pH 为 7.70;若完全不用乙液,则 pH 在 8.2,在此碱性溶液中,温度不变则反应在 1 h 内完成。但此加速法促成组织浓染,用缓慢反应可靠。基于上述原因,使用微量碱性之玻璃皿器亦有浓染趋势;使用微量酸性者则不发生反应,因此,所用一切皿器必须没有酸碱性反应,绝对保持皿器清洁。

2. 染色方法

①浸切片于 Dopa 缓冲染色液约 30 min,温度 37.5 ℃。

②更换 1 次染液（预先贮藏冰箱中者）。

③每 30 min 镜检 1 次,2～3 h 后染液变红色,3～4 h 后染液变棕色,亦即切片染色适宜之表现。

④水洗。

⑤95％乙醇、无水乙醇脱水,二甲苯透明,封固（人工胶最好）。

欲染配色,先洗于水。Laidlaw 主张用 0.5％焦油紫水溶液染色,以 95％乙醇分化,或用结晶紫乙醇液染配色也可（Cowdry）。

3. 结果

Dopa 阳性反应细胞浆（黑素母细胞及白细胞）呈灰色至黑色,黑素不改变颜色,胶原纤维无色或呈浅灰色。

八、脂肪常用染色方法

（一）苏丹Ⅲ脂肪染色

1. 试剂配制

苏丹Ⅲ染液：

苏丹Ⅲ	0.15 g
70％酒精	100 mL

两者充分混合后,使苏丹Ⅲ充分溶解,最后形成饱和溶液备用。试剂瓶密封,使用时过滤。

2. 染色方法

①冰冻切片厚度 8～15 μm。

②Harris 苏木素,染约 1 min。

③自来水洗后,用 0.5％盐酸乙醇分化,再水洗直至胞核返蓝为止。

④蒸馏水洗后移入 70％乙醇内浸洗一下。

⑤浸入苏丹Ⅲ染液中约 30 min 或更长时间。如果置于 56 ℃温箱中可适当缩短时间。

⑥在 70％乙醇分化数秒钟。

⑦待切片在空气中稍晾干或用冷风机吹干。

⑧及时用明胶甘油封片。

3. 结果

脂肪呈橘红色,脂肪酸不着色,胞核淡蓝色。

(二) 油红染色方法

1. 染色液的配制

2. 材料

油红染料、棕色可密封瓶、异丙醇、研钵、漏斗、定性滤纸。

称取预先研磨粉碎的 0.5 g 油红干粉,溶于少量异丙醇中,然后加异丙醇至 100 mL,棕色瓶密封(或锡箔纸包裹避光)4 ℃保存,为储存液,可长期保存。用时取 6 mL 加三蒸水 4 mL 混匀,定性滤纸过滤,稀释后数小时内用完。

3. 染色步骤

①冰冻切片或细胞爬片固定 30 min。

②稀释油红储存液,油红：去离子水＝3：2,滤纸过滤,室温放置 10 min。

③染色 10 min 左右。

④脱色,用 75％酒精/60％异丙醇漂洗,除去多余的染料。

⑤复染,淡苏木染色 1/5 min,PBS 漂洗。

⑥甘油明胶封片。

⑦显微镜观察。

4. 结果判定

脂肪呈鲜红色,细胞核呈蓝色,间质无色(彩图 7)。

九、肥大细胞常用染色方法

肥大细胞(mast cell)来源于未分化的间充质细胞,近年有人认为可能来自胸腺和骨髓。正常多见于小血管周围,一般在结缔组织中都含有少量的肥大细胞,也常见于支气管周围和胰的小叶间导管周围,而在肠系膜的小血管周围却有大量的肥大细胞。肥大细胞较一般细胞大,直径 20～30 μm,呈圆形或椭圆形;胞核较小,圆形胞质内充满粗大并具有异染性的圆形嗜碱性颗粒。在 HE 染色中,这种颗粒并不明显,和其他细胞胞质一样,被曙红染成红色。肥大细胞的颗粒内含有肝素、组织胺、慢反应物质和嗜酸粒细胞趋化因子等成分,这些可导致机体的过敏反应。作肥大细胞染色的组织要新鲜和迅速固定,其颗粒可因组织存放过久而被破坏。显示肥大细胞的方法有多种,如异染性的硫堇法、甲苯胺蓝法、苏木素-中性红法、爱先蓝沙红法以及醛品红-橙黄 G 法等。异染性硫堇法或甲苯胺蓝法把肥大细胞颗粒染成红紫色(即所谓异色性),其他组织蓝色(正色性)。

(一) 甲苯胺蓝法

1. 试剂配制

(1) 0.5％甲苯胺蓝液　甲苯胺蓝(toluidine blue)0.5 g,蒸馏水加至 100 mL。

(2) 0.5％冰醋酸液　冰醋酸(glacial acetic acid) 0.5 ml,蒸馏水 99.5 mL。

2. 操作方法

①组织固定于 10％甲醛生理盐水或甲醛酒精液,按常规脱水包埋。

②切片脱蜡至水。

③0.5％甲苯胺蓝液染 20～30 min。

④稍水洗。

⑤0.5％冰醋酸液分化,直到胞核和颗粒清晰(在显微镜下控制)。

⑥稍水洗,用风扇吹干。

⑦二甲苯透明,中性树胶封固。

3. 结果

肥大细胞颗粒呈红紫色,胞核蓝色(彩图 8)。

4. 注意事项

①染色后用风扇吹干切片而不用酒精脱水,是因为酒精容易使肥大细胞颗粒恢复正色性而呈蓝色。

②如无甲苯胺蓝,可改用硫堇液染色,肥大细胞颗粒同样呈异色性。

5. 染色原理

肥大细胞颗粒含有肝素和组织胺等,这些属硫酸酯,呈异色性,因此用异染性染料如甲苯胺蓝,硫堇等染色可以使其呈异色性的红紫色。

(二) 改良的甲苯胺蓝染色法

1. 试剂配制

A 液:甲苯胺蓝(toluidine blue)0.8 g,蒸馏水加至 80 mL。

B 液:高锰酸钾 0.6 g 溶于 20.0 mL 蒸馏水中。

将已溶解 A 液煮沸 10 min,再将已溶解 B 液逐滴加入 A 液中,再煮沸 10 min,蒸馏水补足至 100 mL,冷却过滤后备用,一般可使用 2～4 周。

2. 操作方法

①组织固定于 10％甲醛生理盐水或甲醛酒精液,按常规脱水包埋。

②切片脱蜡至水。

③1％甲苯胺蓝液染 15 s。

④蒸馏水水洗 2 次,每次 3 min。

⑤ 95％乙醇分色,(20～40 min)。

⑥常规脱水,二甲苯透明,中性树胶封固。

十、含铁血黄素常用染色方法

含铁血黄素(hemosiderin)是一种血红蛋白源性色素,为金黄色或黄棕色的大小不等形状不一的颗粒,因含铁,所以称为含铁血黄素。它具有折光性,不溶于碱和有机溶剂,而可溶于酸。正常时含铁血黄素在骨髓和肝脾可见到少量,但大量出现则属病理现象。含铁血黄素是当红细胞被巨噬细胞吞噬后,在某些溶酶体酶的作用下,血红蛋白被分解为不含铁的橙色血质和含铁的含铁血黄素,后者的转化过程需 1～3 d,其详细的化学结构还不很清楚,一般认为是由氢氧化铁和铁蛋白所组成的复合物。由于铁蛋白分子含有高铁盐(Fe^{3+}),故称普鲁士蓝反应(Prussian blue reaction),即用亚铁氰化钾和盐酸处理后可产生蓝色,常见于吞噬细胞内,当细胞破裂后亦可在间质内出现。欲证明含铁血黄素的存在,应采用缓冲中性甲醛液作固定剂,因为含酸的甲醛液会慢慢溶解含铁血黄素。组织内的铁有三价铁盐和二价铁盐,但主要是属三价铁盐。常用以证明含铁血黄素的方法有 Perls 法,它显示三价铁离子,这是最早显示三价铁盐的一种最敏感和最可靠的方法。

亚铁氰化钾法(根据 Perls,1867)

1. 试剂配制

(1) 2%亚铁氰化钾水溶液 亚铁氰化钾(potassium ferrocyanide)2 g,蒸馏水加至 100 mL。

(2) 2%盐酸水溶液 纯盐酸 2 mL,蒸馏水 98 mL。

(3) 核固红染液。

(4) 0.1%沙红染液 沙红(safranine)0.1 g,蒸馏水加至 100 mL。

2. 操作方法

①组织以固定于 10%缓冲中性甲醛液较佳,一般甲醛液也可以,但以短时固定为宜,组织按常规脱水包埋。

②切片脱蜡至水。

③蒸馏水再洗 1 次。

④取(一)液和(二)液各等份混合,滴入切片,作用 10~20 min。

⑤蒸馏水洗。

⑥核固红染液复染胞核 5~10 min 或用沙红液复染数秒。

⑦稍水洗。

⑧常规脱水透明,中性树胶封固。

3. 结果

含铁血黄素呈蓝色,胞核呈红色(彩图 9)。

4. 注意事项

①组织应采用缓冲中性甲醛液固定,若用一般甲醛液,则应短期固定即包埋切片,长期经一般甲醛液固定的组织反应不良。也需避免使用含铬酸盐的固定液。

②盐酸用分析纯较好,因粗制盐酸若含有较多的铁,可导致假阳性。

③在整个操作过程中容器要干净,避免使用铁制工具(可用不锈钢制工具)。

④铁反应前的各步骤应以蒸馏水冲洗,以防止自来水内的铁离子与组织内的钙盐结合产生假阳性反应。

第四章
动物病理诊断新技术原理及应用

第一节　免疫组织化学技术

免疫组织（细胞）化学技术是利用荧光素、酶、生物素、重金属或放射性核素等作为示踪剂标记在抗体上，通过抗原抗体特异性结合途径，在组织切片或细胞薄片上显示生物大分子物质的技术。从1941年微生物学家Coons首次发现用荧光素标记抗体能够对抗原进行定位至今，经过70余年的发展，免疫组织化学技术在检测的敏感性和特异性上不断地提高，使其成为生命科学研究和临床病理诊断的常规手段。现在常用的免疫组织化学技术包括：免疫组织化学的前处理、免疫荧光染色、免疫酶染色、免疫金银染色、双重及多重免疫标记等。随着分子生物学和组织芯片技术的发展，也出现了原位杂交组化技术、组织芯片检测技术、多靶点共标记的组织免疫荧光染色技术。不同的免疫组织化学技术，具有独特的前处理方式和检测手段，但其基本技术原理和方法相似，都包括：抗体的制备、组织的染色前处理、免疫反应和标记物检测等。本部分主要介绍免疫组化染色前处理、免疫酶组织化学、亲和免疫组织化学。

一、免疫组化染色前处理

组织在经过甲醛固定后，蛋白质之间相互交联形成网状结构而掩盖抗原决定簇，使得部分抗原与抗体结合能力变差，故在免疫组织化学染色前需要进行抗原暴露和修复，以减少蛋白质大分子之间的粘连，提高免疫组化的灵敏度。同时石蜡切片中需要进行脱蜡、复水等步骤来降低染色不均匀，非特异性背景着色等现象的出现。

（一）石蜡切片染色前处理

1. 脱蜡

将切片放入二甲苯Ⅰ→二甲苯Ⅱ中，各5 min，以脱去切片上的石蜡。

2. 复水

将脱蜡后的切片经各级浓度酒精逐渐下降到水的过程，即将二甲苯Ⅱ中取出的切片移入100％酒精→95％酒精→80％酒精→70％酒精→蒸馏水，各级中停留1～5 min。

3. 抗原暴露和修复

抗原修复有许多种方法，最常用的为酶消化法和热诱导的抗原修复。

目前最常用的酶有胰蛋白酶、蛋白酶K、胃蛋白酶、链霉蛋白酶、无花果蛋白酶、菠萝蛋白酶及尿素酶等,其中胰蛋白酶消化能力较胃蛋白酶弱,主要用于细胞抗原的消化,胃蛋白酶主要用于细胞间抗原的消化,如纤维连接蛋白(fibronectin)、层粘连蛋白(laminin)、各型胶原等,此处以蛋白酶 K 消化法为例做介绍。

（1）蛋白酶 K 消化法

①蛋白酶 K 的配制:用 TE 缓冲液(0.1 mol/L Tris-HCl,0.05 mol/L EDTA,pH 8.0)将 100 μg/mL 的蛋白酶 K 稀释 5 倍,配成 20 μg/mL 的工作液。

②复水之后,吸干组织周围多余的液体,滴上配制好蛋白酶 K,37 ℃孵育 20 min 左右。

③孵育完后用 PBS 冲洗 3 次,每次 2 min。

另一种广泛应用的方法为热诱导的抗原修复,该法是利用枸橼酸、柠檬酸、Tris-HCl、或 PBS 等缓冲液为介质,通过高温加热的方式,将被掩盖的抗原表位重新暴露出来的过程。热诱导表位修复通常用微波炉(96 ℃,10 min×2)、压力锅(120 ℃,5 min)、或水浴锅(100 ℃,10 min×2)来完成。下面以柠檬酸缓冲液为介质的微波修复法为例做介绍。

（2）微波修复法

①10 mmol/L 柠檬酸缓冲液的配制:称取 2.1 g 柠檬酸-水合物（sigma,c-7129）,溶于 800 mL 的 ddH$_2$O 中,用 2 mol/L NaOH 调节 pH 至 6,使总体积为 1 000 mL;或配制成 10×的储液。

②切片脱蜡至水后,浸于 1×柠檬酸缓冲液中,使用微波炉的高功率加热 10 min。

③加热完之后,使载玻片在修复液中冷却 25 min,然后用 ddH$_2$O 快速冲洗 2 遍。

（二）冰冻切片染色前处理

无须进行脱蜡,需要进行抗原暴露和修复,具体方法同石蜡切片中的抗原修复一致。

二、常用免疫组织化学技术简介

（一）免疫酶组织化学技术

免疫酶组织化学技术是免疫组织化学技术最常用的方法。该技术是借助抗体与抗原的特异性结合,通过酶与底物作用生成有色反应物,定位组织或细胞内抗原的技术。

1. 常用的酶和底物

免疫酶组织化学技术要求酶与底物作用所生成的产物必须性质稳定并且易于观察。常用于标记的酶有辣根过氧化物酶(horseradish peroxidase,HRP)、碱性磷酸酶(alkaline phosphatase,ALP)、酸性磷酸酶、葡萄糖氧化酶(glucose oxidase,GOD)、乙酰胆碱酯酶等,其中应用比较广泛的是 HRP、AKP 和 GOD。

2. 免疫酶组织化学方法

免疫酶组织化学方法包括酶标记抗体法和非标记抗体免疫酶法。

（1）酶标记抗体法　将酶以共价键结合在抗体上,通过抗原抗体反应,使酶定位于反应部位,再将酶与显色底物反应生成不溶性有色产物,从而研究抗原物质的分布和性质。酶标抗体法分为直接法和间接法。直接法是将酶标记在一抗上;间接法又称夹心法,是将酶标记在二抗上。间接法是直接法的简单改进,较之后者敏感性增加,应用更广泛。需要注意的是,间接法中的二抗和一抗须来源于不同种属动物。此外,在间接法的基础上还发展产生了三步酶标间接法,即再加一步酶标记三抗,信号进一步增大,敏感性进一步增加。

（2）非标记抗体免疫酶法　该方法先用 HRP 或 AKP 免疫动物，使其产生高效价的抗酶抗体，再将抗酶抗体与酶结合，形成五环复合物。常用的有酶桥法和 PAP 法（过氧化物酶抗过氧化物酶法）。

（二）亲和免疫组织化学技术

在组织学研究中，利用两种物质之间的高度亲和能力及其可标记性，以显示其中一种物质的方式称为亲和组织（细胞）化学。这些亲和物质如葡萄球菌蛋白 A（staphylococcus protein A，SPA）与免疫球蛋白（IgG）、生物素（biotin）与卵白素（avidin）、植物凝集素（lectin）与糖分子、受体与配体，荧光素、酶、同位素等都可与之结合。在实际应用中，亲和组化常与免疫组化相结合，即为亲和免疫组织（细胞）化学。亲和免疫组织化学技术不同于免疫酶组织化学技术，亲和免疫组织化学是利用两种物质之间的高度亲和能力而相互结合的化学反应；免疫酶组织化学则是抗原抗体反应。

1. 亲和素-生物素免疫染色法

此染色法又称抗生素-生物素免疫染色法。生物素和亲和素之间有极强的亲和力，比抗原抗体之间的要高出 100 万倍，两者之间以非共价键结合，作用迅速，结合后难以解离。1979年，Guesdon 等首先将生物素-亲和素运用于免疫组化技术中。之后免疫细胞化学工作者先后建立了标记亲和素-生物素技术（LAB）、桥亲和素-生物素技术（BAB）和 ABC 法。随着链霉亲和素（streptavidin）的应用又出现了 LSAB、SP、SABC 等技术。

（1）标记亲和素-生物素法（labelled avidiv-biotin method，LAB 法）　将生物素与一抗或二抗结合；组织或细胞的抗原与生物素化的抗体结合后，酶标记的亲和素进而与之结合，最后对酶进行显色反应。

（2）桥亲和素-生物素法（bridge avidin-biotin method，BAB 法）　生物素化的抗体与抗原结合后，亲和素为桥，将前者与生物素标记的酶连接起来，最终达到多级放大的效果。

（3）亲和素-生物素-过氧化物酶复合法（avidin biotin-peroxidase complex technique，ABC 法）　亲和素蛋白分子上有结合生物素的位点，可自动结合生物素，以 1 价比 3 价的量使亲和素与酶标生物素结合成 ABC 复合物，其中一个生物素位点空缺。抗原先后与一抗、生物素化二抗、ABC 复合物结合，产生多级放大效应，从而提高此生物反应的敏感性和特异性。

2. 葡萄球菌蛋白 A

葡萄球菌蛋白 A（staphylococcal protein A，SPA）是一种从金黄色葡萄球菌细胞壁分离的蛋白质，具有和人及许多动物（如猪、小鼠、猴、牛等）IgG 结合的能力。每个 SPA 可同时结合 2个 IgG，结合部位为 Fc 片段，这种结合方式不会影响抗体活性。可以一方面同 IgG 相结合，一方面与标记物如荧光素、过氧化物酶、胶体金和铁蛋白等相结合，应用比较广泛的是酶标记SPA 和金标记 SPA 技术。常用于标记 SPA 的酶为 HRP，可应用于间接法染色，SPA 在 PAP法中可代替桥抗体使用。

3. 凝集素

凝集素（lectin）是指一种从各种植物、无脊椎动物和高等动物中提纯的糖蛋白或结合糖的蛋白，因其能凝集红血球（含血型物质），故名凝集素。凝集素不是来源或参与免疫反应的产物，凝集素具有的某些"亲和"特性，能被免疫细胞化学技术方法所应用。因此，1983 年 Ponder提出应称"凝集素组织化学"而不能称为"凝集素免疫组织化学"。凝集素最大的特点是能识别糖蛋白和糖肽,特别是细胞膜中复杂的碳水化合物结构,即细胞膜表面的糖基。如刀豆素与 D-吡喃糖基甘露糖结合,麦芽素与 N-乙酰糖胺结合,因此,凝集素可以作为一种探针研究细胞膜上特定的糖基。另一方面,凝集素具有多价结合能力,能与荧光素、生物素、酶、胶体金和铁蛋白等标记物结合而不影响其生物活性,可用于光镜或电镜水平的免疫细胞化学研究工作。

三、免疫组织化学和细胞化学技术的应用

1. 在基础理论研究中的应用

在分子生物学的基础理论研究中,免疫组织化学技术是必不可缺的实验技术。在探究基因以及对应的蛋白在生理或者病理过程中的作用时,会利用免疫组织化学技术,检测相应蛋白的表达位置,从而确定该基因或蛋白在这个过程中承担着怎样的角色。此外,利用免疫组织化学技术检测细胞增殖,分化和凋亡的标志物来确定细胞的状态,为组织胚胎学、病理学以及细胞生物学的研究提供了强有力的技术手段。

2. 在肿瘤诊断和治疗中的应用

免疫组织化学以其特异性强,灵敏度高的特点一直作为肿瘤诊断的重要手段。随着分子生物学和免疫学的发展,越来越多的肿瘤标志物蛋白的检测抗体被开发并应用于肿瘤的检测。一方面,利用免疫组织化学检测不同的肿瘤标志物来确定肿瘤的类型。例如,可以用精氨酸酶1(ARG1)能够很好地鉴别肝细胞癌;绝大多数鳞状细胞癌表达细胞角蛋白(CK);雌激素受体(ER)和孕酮受体(PR)常作为乳腺癌的标志物;CD68 是鉴别恶性纤维组织细胞最好的标志物;B 细胞淋巴瘤表达 CD20 和 CD79 等。另一方面,在肿瘤的临床治疗过程中,医生会根据肿瘤的增殖活性来设计治疗方案。利用免疫组织化学技术检测不同增殖周期的特异性标记物,进而确定处于增殖活性细胞的比例,为肿瘤治疗提供了很好的依据。细胞周期素是存在于细胞不同周期的细胞核蛋白,包括了周期素 A、周期素 B、周期素 D、周期素 E,它们分别在不同的细胞周期表达,利用免疫组织化学技术检测周期素的表达,阳性率越高,表明肿瘤细胞的增殖活性越高。Ki67 是一种已被广泛认知的细胞增殖标记物,它在 G1 期、S 期、G2 期和 M 期表达,Ki67 表达越强表明肿瘤恶性程度高,易发生浸润和转移,预后较差。

3. 在病原微生物检测中的应用

病原微生物感染往往伴随着疾病的发生,例如乙型肝炎病毒与肝癌发生相关、幽门螺旋杆菌与胃癌相关、血吸虫感染与结肠癌相关等。随着科学技术的发展,制备出了大多数病原微生物的抗体,利用免疫组织化学技术能够迅速准确的辨别出病原微生物,为治疗病原微生物感染引发的疾病提供了很好的技术支持。

例如,在检测抗酸结核杆菌时,通过传统的单一抗酸染色不能检测出来,利用卡介苗(BCG)多克隆抗体以及 ABC 法能够检测出抗酸结核杆菌;Hidetsugu Nakatani 等利用免疫组织化学技术发现鸡高致病性禽流感病毒 H5N1 主要存在于心脏、肝脏、脾脏、肠道等器官的毛细血管内皮细胞和实质细胞中;通过免疫组织化学检测 HBsAg 和 HBcAg 能够诊断乙型和丙型肝炎等。

免疫组织化学染色程序及步骤见附录三。

第二节　电子显微镜技术

19 世纪中叶,随着光学显微镜的问世,德国病理学家 Virchow 提出了细胞病理学说,使病

理学进入到一个突飞猛进的发展阶段。但是由于光学显微镜的分辨能力有限,光的波长成了提高光学显微镜分辨率不可逾越的障碍。虽然光学显微镜技术在细胞生物学研究中起着主要的作用,然而光镜的分辨率由于受照射光波长的限制只能达到一定的限度,所以要研究细胞内部的超微结构,就必须借助于分辨率更高的电子显微镜(electron microscope,EM)。

20 世纪 30 年代,柏林工科大学年轻的研究生 Ruska 和他的导师 Knoll 在电子光学的基础上成功地研制了第一台电子显微镜,使电子束和电子透镜组合成电子光学系统一样,可以将微小物体放大成像,极大地提高了分辨率。70 多年来,电子显微镜不断地发展与完善,分辨率不断提高。透射电镜(transmission electron microscope,TEM)的分辨能已实现 0.15 ~ 0.2 nm,几乎能分辨所有的原子。扫描电镜(scanning electron microscope,SEM)可观察样品三维结构的超高压电镜(HVEM),能进行活体观察,分析电镜(AEM)已经能分析样品成分。近年新兴的扫描隧道电镜(STM)能在原子尺度获得样品表面的立体信息,并在可以不损伤样品的"活"的状态下进行观察。

电子显微镜技术高度发展不仅表现在仪器本身性能上的不断完善和更新,还突出地表现在与其相应的样品制备上的发展。从样品常规的超薄切片技术开始,研究了 SEM 样品的临界点干燥技术,能用透射电镜观察样品非游离缘结构的冰冻复型技术,能进行生物合成转移定位研究的放射自显影技术、电镜细胞化学技术、免疫电镜技术、分析细胞中元素的微区分析技术、电镜图像分析技术及全息显微术等。本节仅就电子显微镜的基本原理、样品制作及其主要应用情况作简要概述。

一、电子显微镜的基本知识

电子显微镜在基本原理上与光学显微镜完全不同,构造也要比光学显微镜复杂得多,但其光路图却十分相近,所以在学习各种电镜技术之前有必要先了解电子显微镜的有关基本知识。

(一) 电子显微镜的基本构造及其原理

电子显微镜主要由以下 4 部分组成。①电子束照明系统,包括电子枪、聚光镜。由高频电流加热钨丝发出电子,经高电压使电子加速,经过聚光镜汇聚成电子束。②成像系统,包括物镜、中间镜与投影镜等。它们是若干精密加工的中空圆柱体,里面装置线圈,通过改变线圈的电流大小,调节圆柱体空间的磁场强度。电子束经过磁场时发生螺旋式运动,最终的结果如同光线通过玻璃透镜时一样,聚焦成像。③真空系统,用两级真空泵不断抽气,保持电子枪、镜筒及记录系统内的高真空。④记录系统,电子成像须通过荧光屏显示用于观察,或用感光胶片记录下来。

与光学显微镜一样,透射电镜较重要的部分是电子光学部分,其光源是由阴极,栅极、阳极构成的电子枪。其作用是发出较强的电子束流(电子光),其束流截面积小且可调节,其加速电压亦应有较强的稳定性。为使电子枪发射出的电子束流以最小的能量损失投射到样品上,其电子光学系统另一重要组成部分是聚光镜,又称电子透镜,其作用非常重要,它由几组可以产生磁场的线圈组成,对通过的电子束有聚焦作用。由此产生稳定的电子束流即可准确无误穿透样品。带有样品信息的电子束流进入下一部分——成像放大系统。此系统亦是由高磁材料组成的物镜、中间镜和投影镜等组成,这些高磁材料的纯度、导磁均匀度、部件加高精度都应很高才不至于使图像失真。带有样品信息的电子束如此经过数次放大投射到荧光屏上并被照相机摄取,最后的放大倍数可以达到 80 万倍以上。值得提出的是,电子束流因在空气中易与空气中某些成分碰撞使电子束流散射，所以电子显微镜镜筒也必须是高真空的。

扫描电镜原理与 TEM 相同，但组成略有差异，主要不同点是：SEM 的电子束流，在偏转线圈（扫描线圈）的作用下对样品表面进行碰撞并产生折射的二次电子与被散射电子，两种电子使闪烁体发出荧光，并被光学信号检测放大器（电极和光电倍增管）接收，经过光学纤维输送，经过放大，在荧光屏上出现扫描像。其放大倍率达 20 万倍以上。

（二）电子显微镜与光学显微镜的基本区别

电子显微镜的高分辨率主要是因为使用了波长比可见光短得多的电子束作为光源，波长一般小于 0.1 nm。由于光源的不同，又决定了电镜与光镜的一系列不同点：用电磁透镜聚焦；电镜镜筒中要求高真空；图像须用荧光屏来显示或感光胶片做记录。它们的基本区别见表 4-1。

表 4-1　电子显微镜与光学显微镜的基本区别

显微镜类别	分辨本领	光源	透镜	真空	成像原理
光学显微镜	200 nm （波长 400～700 nm）	可见光	玻璃透镜	不要求真空	用样品对光的吸收形成明暗反差和颜色变化
	100 nm	紫外光	玻璃透镜	不要求真空	
电子显微镜	接近 0.1 nm	电子束 （波长 0.01～0.9 nm）	电磁透镜	1.33×10^{-5}～ 1.33×10^{-3} Pa	利用样品对电子的散射和透射形成明暗反差

（三）电子显微镜的分辨本领与有效放大倍数

人眼的分辨率一般为 0.2 mm，光学显微镜的分辨率为 0.2 μm 左右，其放大倍数为 0.2 mm/0.2 μm，即 1 000 倍。而电子显微镜的分辨率可达 0.2 nm，其放大倍数为（10 万）10^{6} 倍。上述放大倍数称为有效放大倍数；如继续通过光学手段放大也不会得到任何有意义的信息，因此称之为"空放大"。

电镜的分辨率与分辨本领并不等同，电镜的分辨本领是指电镜处于最佳状态下的分辨率。实际观察时，电镜的实际分辨率常常受到生物制样技术本身的限制，如在超薄切片样品中其分辨率约为超薄切片厚度的 1/10，即通常切片厚度若是 50 nm，其实际分辨率约为 5 nm，远低于电镜的分辨本领 0.2 nm。

电镜图像的分辨不仅取决于电镜本身的分辨率，同时也取决于样品结构的完好及其反差，此点在很大程度上取决于样品制备技术，其中最重要的是超薄切片技术。生物样品离体后很快就会发生亚细胞结构的变化而不能反映真实情况，取材应准确、迅速，样品块小，低温，不损伤（牵拉挤压等）。动物取材最好进行原位固定或灌流固定。

二、常用电镜技术简介

由于电子显微镜本身的分辨能力与性能在不断提高，生物样品制备技术在不断改进，以及电子显微镜技术在细胞生物学研究中所发挥的巨大作用，因此，对电镜观察的生物样品有一些特殊要求。①要求样品很薄。电子束的穿透能力是十分有限的，即使电场高压增加到 100～200 kV，电子穿透生物样品的厚度仅达 1 μm。因此，用电镜观察样品的精细结构时，首先要求样品很薄,一般是数十纳米。即使是细菌与其他单细胞生物,假如不经过超薄切片,内部的细微结构也很难观察清楚。②要求更好地保持样品的精细结构。所以要使样品尽量保持生活状态下的精细结构而不严重失真,对固定剂与包埋剂的选择以及固定与包埋的条件均要求比较严格。

根据观察目的和对象不同,主要电镜制样和观察技术包括以下几种。

(一) 超薄切片技术

在电镜观察时,由于电子束的穿透能力有限,为获得较高分辨率,切片厚度一般仅为 40～50 nm,即一个直径为 20 μm 的细胞可切成几百片,故称超薄切片。超薄切片技术(ultrathin section)是基本的电镜实验技术。超薄切片样品制备要经过一个复杂的过程:**固定、脱水、包埋、切片、染色**等,然后在透射电镜下进行观察。

固定多采用戊二醛及锇酸的双固定法。固定后的样品经充分脱水后以树脂包埋,经超薄切片机(制刀机制作的玻璃刀或金刚刀)切成 0.5～1.0 μm 的半薄切片。切片制成后经由醋酸铀及枸橼酸铅重金属盐双重染色后即可上电镜观察。对某些生物样品亦可进行负染、细胞化学及免疫细胞化学等染色。透射电镜观察所得的图像为二维的平面结构(图 4-1)。

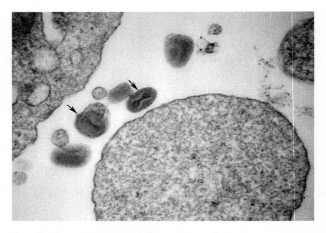

图 4-1 痘病毒(PV)感染的鸡胚绒毛尿囊膜。排出细胞外的鸡痘病毒(佘锐萍)
病毒囊膜外双层结构,芯髓中间位置有向内凸起呈中等电子密度的侧体(↑),TEM,60k×。

(二) 负染色技术

某些结构,如细菌、病毒甚至蛋白质及其组成的纤维等可以通过负染色电镜技术观察其精细结构,其分辨率可达 1.5 nm 左右。负染色技术(negative staining)是用重金属盐,如磷钨酸或醋酸双氧铀,对铺展在载网上的样品进行染色,吸去多余染料,样品经自然干燥后,整个载网上都铺上了一薄层重金属盐,从而衬托出样品的精细三维结构(图 4-2)。

(三) 冷冻断裂和冷冻蚀刻电镜技术

用快速低温冷冻法将样品迅速冷冻(液氮或液氢中),然后在低温下进行断裂。这时样品往往从其结构相对"脆弱"的部位(即膜脂双分子层的疏水端)断裂。从而显示出镶嵌在膜脂中的蛋白质颗粒,由于冰在真空中的少量升华,可进一步增强"浮雕"式的蚀刻效果。用铂、金等

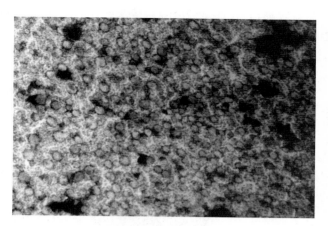

图 4-2　HEV PCR 检测阳性牛肝脏组织病毒分离液负染色图像（佘锐萍）

病毒粒子呈大小不一的圆形或卵圆形的颗粒，直径约 40 nm（↑），TEM，100k×。

金属进行倾斜喷镀，以形成对应于凹凸的电子反差，再经碳垂直于断面进行真空喷镀，形成一个连续的碳膜，然后用消化液把样品本身消化掉，将剩下的碳膜及其构成图形的金属微粒移到载网上进行电镜观察。

　　冷冻蚀刻（freeze etching）技术主要用来观察膜断裂面的蛋白质颗粒和膜表面结构，图形富有立体感，样品不需包埋甚至也不需固定；同时能更好地保持样品的真实结构。近年来发展起来的快速冷冻深度蚀刻技术（quick freeze deep etching）就是在此基础上发展起来的。深度蚀刻主要用于观察胞质中的细胞骨架纤维及其结合蛋白。

（四）　电镜三维重构技术

　　生物大分子的三维结构是当今生命科学研究中的核心课题之一。电镜三维重构技术是电子显微术、电子衍射与计算机图像处理相结合而形成的具有重要应用前景的一门新技术，尤其适于分析难以形成三维晶体的膜蛋白以及病毒和蛋白质—核酸复合物等大的复合体的三维结构。其基本步骤是对生物样品（如蛋白质二维晶体）在电镜中的不同倾角下进行拍照，得到一系列电镜图片后再经傅里叶变换等处理，从而展现出生物大分子及其复合物三维结构的电子密度图。

　　最早提出并发展这一技术的是英国生物物理学家 A. Klug，他因此获得 1982 年诺贝尔化学奖。近年来在此基础上发展了低温电镜技术（cryoelectron microscopy），其样品不经固定、染色和干燥，直接包被在玻璃态（vitrification）的冰膜中，在约−160 ℃的电镜冷冻样品台上利用相位衬度成像。该技术不仅更真实地展示出生物大分子及其复合物的空间结构，而且还具有高分辨率。电镜三维重构技术与 X 射线晶体衍射技术及核磁共振分析技术相结合，是当前结构生物学（structural biology）主要研究生物大分子空间结构及其相互关系的主要实验手段。

（五）　扫描电镜技术

　　扫描电镜（scanning electron microscope，SEM）是 20 世纪 60 年代才正式问世的。其电子枪发射出的电子束被电磁透镜汇聚成极细的电子"探针"，在样品表面进行"扫描"，电子束可激发样品表面放出二次电子（同时也有一些其他信号）。二次电子产生的多少与样品表面的形貌有关。二次电子由探测器收集，并在那里被闪烁器转变成光信号，再经光电倍增管和放大器又转变成电压信号来控制荧光屏上电子束的强度。这样，样品不同部位上产生二次电子多或少的差异，直接反映在荧光屏相应部位亮或暗的差别，从而得到放大的立体感很强的图像(图 4-3)。

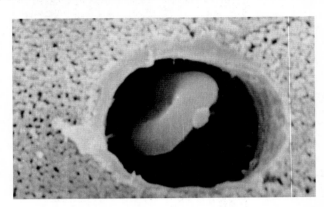

图 4-3 　RHDV 感染兔肠黏膜超微病变(佘锐萍)红细胞渗出扫描电镜图像(佘锐萍)

扫描电镜主要是用来观察样品表面的形貌特征，而生物样品在干燥过程中由于表面张力的作用极易发生变形，解决这一问题最常用的是 CO_2 临界点干燥法，即利用 CO_2 在其临界温度以上就不再存在气—液相面，也就不存在引起样品变形的表面张力问题，从而完成生物样品的干燥。通常用液态 CO_2 等介质浸透样品，然后在临界温度以上使 CO_2 以气态形式逸去。由于没有气—液相面的形成，也就没有表面张力，样品的形态能得到很好地保持。此外，为了得到良好的二次电子信号，样品表面需良好的导电性，所以样品在观察前还要喷镀一层金膜。

扫描电镜景深长，成像具有强烈的立体感。一般扫描电镜的分辨本领仅为 3 nm，近几年研制的低压高分辨扫描电镜分辨本领可达 0.7 nm，可用于观察核孔复合体等更精细的结构。尽管电子显微镜具有分辨率高这一光学显微镜无可比拟的优越性，但直至目前人们还不能用它来观察活的生物样品，而且难以观察细胞的全貌，因此在很多研究中仍需这两者相结合。

(六) 电镜细胞化学

电镜细胞化学(electron cytochemistry，ECC)也叫作电镜组织化学或超微细胞化学。是在细胞超微结构原位上显示其化学反应和化学成分，特别是酶活性的一类崭新的技术方法，它是电镜技术与细胞化学结合的产物，是组织化学技术的延续和发展。(从技术特点上来讲)，ECC 是从其特定的化学反应产物在超微结构局部形成高电子密度不溶性沉淀物，借助电子显微镜观察显示(图 4-4)。

电镜超微细胞化学是在光镜组织化学基础上发展起来的一门生物技术。(作为一门学科)它是在超微水平上观察细胞内化学物质，并在此基础上进一步阐明其生理和病理状态下的生化代谢改变。它是电镜技术、细胞学与生物化学等相结合而形成的一门边缘学科。电镜细胞化学技术与组织化学一样可显示蛋白质(包括酶类)、核酸、糖类等各类物质。但由于其技术要求所限，其能显示的化学物质的种类比组织化学技术少很多。与光镜组化不同电镜超微细胞化学不是以产生颜色反应为根据，而利用细胞化学产物的电子不透明度来识别和定位。因此，标本制备的主要特点是利用特异的化学反应产生不溶性电子致密沉淀物。由于电镜的分辨率比光学显微镜要高很多，反应最终产物的任何微小移位虽在光镜下观察时不易发现，但在超微

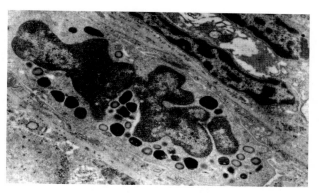

图 4-4　圆小囊非特异性酯酶电镜细胞化学染色（佘锐萍）

嗜酸性粒细胞的颗粒呈非特异性酯酶阳性反应（↑）

结构上的变化就非常明显，因此，对电镜标本的制备方法也有一些特殊要求，以避免在超微结构水平上出现细胞和组织化学反应定位的假象。

（七）免疫电镜技术

免疫电镜技术能有效地提高样品的分辨率，在超微结构水平上研究特异蛋白抗原的定位。免疫电镜技术可分为免疫铁蛋白技术、免疫酶标技术与免疫胶体金技术，这也代表了免疫电镜技术的发展过程。目前，免疫铁蛋白技术几乎已无人问津，而免疫胶体金技术则受到越来越多的细胞生物学工作者的青睐。直径在 1～100 nm 的胶体金本身具有许多优点，如金颗粒容易识别，并且具有很高的分辨率；可以制成不同直径大小的金颗粒，用以双重标记或多重标记；既可用于超薄切片，也可以用于装配制备的骨架成分和膜系统蛋白成分的标记。

免疫电镜技术中最关键的问题同样是保持样品中蛋白的抗原性，并且要设立严格的对照。此外，在免疫电镜技术中，还必须注意尽量保存样品的精细结构。免疫电镜技术至今已在以下方面得到广泛应用，如分泌蛋白的定位研究（图 4-5），通过对分泌蛋白的定位，可以确定某种蛋白的分泌动态；胞内酶的研究；一些结构蛋白的研究，包括膜蛋白的定位与骨架蛋白的定位等。同样，也可用于病原微生物的定位观察。免疫电镜主要用于研究工作，用于鉴定某些特殊抗原的超微结构定位，有包埋前和包埋后两种方法。

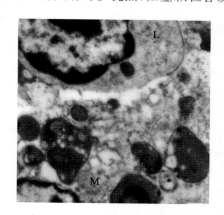

图 4-5　兔圆小囊抗菌肽免疫电镜细胞化学淋巴细胞和巨噬细胞的颗粒呈阳性反应（↑）M：巨噬细胞，L：淋巴细胞（佘锐萍）

（八）扫描隧道显微镜

扫描隧道显微镜（scanning tunneling microscope，STM）是 IBM 苏黎世实验室的 Binnig、Rohrer、Gerber 和 Weible 于 1981 年发明的。它是一种探测微观世界物质表面形貌的仪器。Binnig 和 Rohrer 因此而获得 1986 年的诺贝尔物理学奖。

STM 主要原理是利用了量子力学中的隧道效应,即通常在低压下,二电极之间具有很大的阻抗,阻止电流通过,称之为势叠。当二电极之间近到一定距离(100 nm 以内)时,电极之间产生了电流,称隧道电流。这种现象称隧道效应。STM 的主要装置包括实现 X、Y、Z 3 个方向扫描的压电陶瓷,逼近装置,电子学反馈控制系统和数据采集、处理、显示系统。

STM 的主要特点如下。①具有原子尺度的高分辨本领,侧分辨率为 0.1～0.2 nm,纵分辨率可达 0.001 nm。②可以在真空、大气、液体(接近于生理环境的离子强度)等多种条件下工作,这一点在生物学领域的研究中尤其重要。③非破坏性测量. 因为扫描时不接触样品,又没有高能电子束轰击,基本上可避免样品的形变。

目前,STM 作为一种新技术,已被广泛应用于生命科学各研究领域。人们已用 STM 直接观察到 DNA、RNA 和蛋白质等生物大分子及生物膜、病毒等的结构。与其功能类似的还有原子力显微镜(atomic force microscope)等 10 余种,统称为扫描探针显微镜。可以预料,它们将在纳米生物学研究领域中发挥越来越重要的作用。

三、电镜技术应用特点

运用透射和扫描电子显微镜技术,对组织细胞的内部及表面的超微结构进行观测,从亚微结构(细胞器)甚至是大分子水平上了解组织细胞的形态和机能变化,使之对某些疾病的诊断和鉴别诊断更加确切,而且更能加深对疾病本质的认识。但它也有其局限性:由于放大倍率太高,只见局部不见全局,加之许多超微结构变化没有特异性,常给诊断带来困难。因此,必须以肉眼、组织学病变为基础,几者密切结合,才能更好地发挥其优势,起到较重要的辅助诊断作用。

电子显微镜(电镜)在病理研究及诊断中的应用使我们的视野及分辨率有了极大的提高,亚细胞结构的阐明对于肿瘤及其组织发生学的探讨、各种疾病亚细胞结构的变化的研究有极大的促进作用,提高了病理学研究和诊断的水平。透射电镜(transmission electron microscope,TEM)之后,又出现了扫描电镜(scanning electron miroscope,SEM)、分析电镜(analytical electron microscope,AEM)及高压电镜(high voltage electron microscope,HVEM)等使电镜技术更加完善,研究也更加深入。

在病理学中,TEM 主要用于病理诊断,SEM 则多用于研究。TEM 用于病理诊断,主要有两个方面:第一为肿瘤的诊断与其组织发生学研究;第二为肾脏病理特别是各种肾炎的分类及形态观察。用于肿瘤的诊断与鉴别诊断主要见于下述情况。①区别癌、恶性黑色素瘤与肉瘤。②区别腺癌与间皮瘤。③鉴别前纵隔肿瘤如胸腺瘤、胸腺类癌和恶性淋巴瘤。④鉴别小细胞肿瘤如 Ewing 瘤、胚胎性横纹肌肉瘤、神经母细胞瘤及恶性淋巴瘤。⑤区别软组织梭形细胞肿瘤如纤维肉瘤、神经鞘瘤、滑膜肉瘤等。⑥区分内分泌与非内分泌肿瘤,内分泌肿瘤细胞内含神经分泌颗粒,如颗粒形态典型也可以此确定肿瘤类型,如颗粒核心呈晶体状者为胰岛素瘤,核心偏位空晕极宽者为含去甲肾上腺素的颗粒。

电镜检查有其局限性,首先,是电镜检查的组织很小,通常为 1～4 mm 大小,取材不当时很易产生漏诊或误诊;其次,电镜检查诊断肿瘤缺乏真正特异性超微结构的变化,有时只是量与位置的变化等。但有些亚细胞结构可以作为特定的标志如神经内分泌肿瘤细胞胞浆中的神经分泌颗粒,黑色素细胞瘤中的黑色素小体,组织细胞增生症 X 细胞浆内的 Birbenck 颗粒,内皮细胞中的 Weibel-Palade 小体,腺泡状软组织肉瘤细胞中的结晶体,骨骼肌、平滑肌细胞中的胞浆内纤维丝等均有助于这些肿瘤的诊断。电镜检查还可观察沉积的免疫复合物、某些病原微生物如病毒颗粒、胞浆内小杆菌、原虫等,对于这些疾病的诊断有重要意义。

电镜检查极为重要的一步为取材,要取新鲜的组织及时固定,防止人工假象的产生。取材时要避免取坏死、自溶部位,特别在肿瘤的取材中要选择交界区或肿瘤的不同部位分别取材。要使用锋利的器械将组织切成直径 1~4 mm 大小的小块,置于 10~15 倍体积的固定液中固定。常用的固定液有 1% 四氧化锇、2.5%~4% 的戊二醛,4% 多聚甲醛等可根据实际需要选择。有时新鲜标本难以得到,可应用已经甲醛固定的标本,但取材时要取标本的边缘部位,因甲醛固定的组织浸润较慢,组织内部常有不同程度的退变,光镜下形态完好,电镜检查时其亚细胞结构已有明显破坏从而影响诊断。在有些情况下要做回顾性研究时还可使用甲醛固定、石蜡包埋的组织,虽有人工假象但有时可以协助确诊。有些亚细胞结构如神经分泌颗粒、黑色素小体、胞浆内的纤维丝等在甲醛固定、石蜡包埋组织中可以保存较好。某些高酸性固定液如 Bouin 氏固定液、Zenker 氏固定液或 B-5 液等固定的组织则效果较差。电镜检查价格昂贵、操作复杂、所需时间也较长,但作为病理研究及诊断的方法之一仍有重要的应用价值。

电镜观察在病原学诊断中也具有重要作用,有时可能会起决定性作用。采用负染色法可对某些病毒病进行快速确诊。如 IBD、口蹄疫等,透射电镜可以观察病毒在细胞内的复制部位(如非典型肺炎的确诊)。方法:病料经超速离心后做负染。

第三节 电镜化学技术

一、电镜细胞化学的定义

1. 电镜细胞化学(electron cytochemistry,ECC) 也叫作电镜组织化学或超微细胞化学。是在细胞超微结构原位上显示其化学反应和化学成分,特别是酶活性的一类崭新的技术方法,它是电镜技术与细胞化学结合的产物,是组织化学技术的延续和发展。

ECC 是从其特定的化学反应产物在超微结构局部形成高电子密度不溶性沉淀物,借助电子显微镜观察、显示。

ECC 是在光镜组织化学基础上发展起来的一门生物技术,(作为一门学科)它是在超微水平上观察细胞内化学物质,并在此基础上进一步阐明其生理和病理状态下的生化代谢改变,它是电镜技术、细胞学与生物化学等相结合而形成的一门边缘学科。

2. 电镜细胞化学的定义涉及的几个概念

(1) 细胞的显微结构(microscopic structure) 在光学显微镜下所见的结构,称为显微结构。现一般光学显微镜最大分辨率为 0~2 μm,最大放大倍数为 1 400~1 500 倍。细胞内的结构如线粒体、中心体、核仁、高尔基体、染色体等都大于 0~2 μm,因此能在光学显微镜下观察到。

(2) 细胞的超微结构(ultra-microscopic structure or ultrastructure) 在电子显微镜下所显示的结构一般称为超微结构(US)。严格来说细胞内小于 0~2 μm 的一些细微构造,称为亚微结构(submicroscopic structure);分子结构归为超微结构(ultramicroscopic structure)。但在一般书刊上所述及的两者间并无严格界限,往往把亚微结构也称为超微结构。目前常用于超微结构研究的工具有电子显微镜、X 光衍射仪等。电子显微镜分辨率一般可达 0~12 nm。最高的分辨率已经接近了对单个原子(1 个 Å 左右)的分辨(放大倍数高达 80 万~100 万倍)。

电子显微镜(electron microscope,EM)有以下 4 种。

①透射电镜(transmission electron microscope，TEM)。透射电镜是发展最早、应用最广泛的电子显微镜，适用于观察研究细胞内部的亚显微镜结构、蛋白质、核酸等生物大分子的形态结构及病毒的形态结构等，其分辨率可达 $0\sim8\text{Å}$。

②扫描电镜(scanning electron microscope，SEM)。扫描电镜适用于观察研究组织、细胞表面或断裂面的三维立体结构，可以在超微结构水平上对组织、细胞表面或断裂面的成分进行定性定量的综合分析，分辨率可达 $60\sim100\text{Å}$。

③超高压电子显微镜(ultra-voltage electron microscope，UEM)。标本厚度在 $2\sim5~\mu\text{m}$。不需超薄切片可观内部三度空间的微细结构。

④扫描隧道电镜(scanning tunneling microscope，STM)。20 世纪 80 年代发展起来的，原理为真空隧道中的量子现象，利用这一技术可对 DNA 和 DNA 蛋白质复合体的表面形貌直接观察，获得信息，也可对生物膜进行分析，甚至可对粒子在细胞间转移的细节做分析。

(3) 组织化学　概念及发展，前已述。

(4) 细胞化学(cytochemistry)　研究细胞结构的化学成分(主要是生物大分子成分)的定位、分布及其生理功能。用切片或分离细胞成分，对单个细胞或细胞各个部分进行定性和定量的化学分析。

(5) 细胞学(cytology)　研究细胞生命现象的科学。其研究范围包括：细胞的形态结构和功能、分裂和分化、遗传和变异以及衰老和病变，细胞学是细胞生物学的一个分支学科。或者说：现代细胞学已改用细胞生物学，即现代细胞学等于细胞生物学。

(6) 细胞生物学(cytobiology)　是研究细胞在结构的不同水平上的问题——从分子结构开始。它是将遗传学、生理学以及生物化学集中于一体的一门现代的科学，是运用近代物理、化学技术和分子生物学方法，研究细胞生命活动的学科，是 20 世纪以来实验细胞学发展的新阶段。它研究细胞各种组成部分(细胞膜、细胞质、细胞器和细胞核)的结构、功能及其相互关系；研究细胞总体的和动态变异和演化；以及研究这些相互关系和功能活动的分子基础。因此现代细胞学实际上是分子生物学与细胞生物学的结合，即细胞分子生物学(cell molecular biology)。

目前，Cell molecular biology 就是用生物学及物理、化学方法，进行各个领域的深入研究，以期从根本上解决本学科的一些重大问题。细胞生物学工作者，不仅要注意细胞是生物有机体的形态和功能单位，同时必须准备应用其他科学的全部方法、技术和观念，研究在各级水平上的生物学现象。

细胞生物学包括如下分支。

①细胞形态学(cytomorphology)是研究细胞的形态和结构及其在生命过程中变化的科学。

②细胞生理学(cytophysiology)是研究细胞正常的生命活动规律的科学。它所研究的重要现象是：细胞膜的本质和越膜的主动传递，细胞对环境变化的反应，细胞兴奋性和传导性的机理及细胞营养、生长、分泌和细胞活动的其他表现。它研究细胞如何从环境中摄取营养，经过代谢而获得能量，以进行生长、分裂以及细胞如何对各种环境因素发生反应而表现为感应性和运动活动。

③细胞遗传学(cytogenetics)是根据染色体遗传学说发展起来的一门属于细胞学与遗传学之间的边缘学科。它主要是从细胞学角度，特别是从染色体的结构与功能以及染色体和其他细胞器的关系来研究遗传现象。它对遗传和变异机理的阐明，动植物育种机理的建立，以及生物进化学说的发展，都有一定的意义。

④细胞生态学（cytoecology）是近代细胞生理学的一个分支学科，是研究细胞与微环境之间相互关系及其作用机理的科学。

⑤细胞能力学（cytoenergetics）是研究能量在细胞内的释放和贮存、传递和转换、消耗和利用的学科。

⑥细胞动力学（cytochemistry）是研究生物系统或人工系统中细胞群体的来源、变化、分布和运动规律，以及研究各种条件对这些过程如何影响的一门科学。其主要研究细胞发生、命运决定与细胞再生、分化、凋亡、粘联、迁徙等非线性系统动力学，以及生物形态发生的基因相互作用、基因印记、细胞信息传导、基因调控网络的系统理论等。

⑦细胞化学（cytochemistry）是作为细胞生物学的一个重要的分支学科，cytochemistry 作为一门学科正式诞生于 20 世纪 40 年代，并在此时得到迅速发展。20 世纪 50 至 60 年代以来，电镜技术在各方面都得到广泛使用和飞速发展，但把细胞化学与电镜两种技术结合起来应用于细胞和组织等研究中，则还是近 30 多年来的事情（20 世纪 70 年代以来）。通过两者的结合，使器官的生理功能和超微结构之间的紧密关系了解得更清楚。因此，此技术近 30 多年已得到了广泛的应用，尤其是在生物医学领域，显示了它强大的旺盛生命力。

二、电镜细胞化学方法的种类

从广义上说电镜细胞化学的技术方法包括：电镜酶细胞化学法，特异酶消化印证法、电镜免疫细胞化学、放射自显影技术、超微示踪标记术、射线微区分析法、特殊染色及负染法、扫描电镜细胞化学、超高压电镜细胞化学和冰冻蚀刻细胞化学术。本书主要介绍电镜酶细胞化学法及电镜免疫细胞化学。

1. 电镜酶细胞化学法　是在光镜酶细胞化学基础上发展起来的新技术，它是电镜技术和细胞化学方法相结合，使酶与相应的底物作用的终末产物，具有较高的电子密度，可在电镜下观察到，以此来研究细胞内某些酶，在超微结构水平上的分布情况，以及这些酶在细胞活动过程中的变化。此法较成熟，应用较广泛。

2. 电镜免疫细胞化学　简称为免疫电镜，是借助抗原抗体的特异性结合，用高电子密度的标记物（如铁蛋白、胶体金等）或用经细胞化学增强电子密度的标记物（如辣根过氧化物酶或酸性磷酶等）标记抗体，再与细胞上相应抗原结合，在电子显微镜下显示和观察定性、定位和半定量的一门技术（图 4-6）。

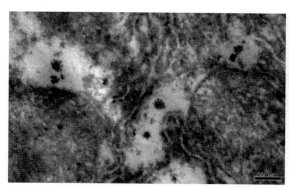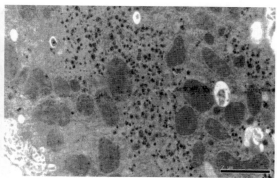

图 4-6　酶联免疫电镜检测 HEV ORF2 蛋白及 G-6-P 蛋白

三、电镜细胞化学与其他组化方法的比较

与组织化学相比较,前已述,从观察对象来看,两者主要是观察的层次或水平不同,由此导致二者的应用范围、技术原则及操作方法等的差异。

(一) 从应用范围来看

电镜细胞化学的应用范围包括(以酶细胞化学为例)以下几个。

(1) 酶在超微结构上的定位。

(2) 标记和鉴定某些细胞和细胞器。

(3) 通过显示过氧化物酶,定位示踪辣根过氧化物。

(4) 利用免疫酶技术,电镜下显示特异性标记物的定位。

组织化学的应用范围包括以下几个。

(1) 研究细胞内及其周围的化学成分,包括定位、定性及定量。

(2) 研究化学物质与组织、细胞结构的关系。

(3) 研究细胞功能改变对其化学物质的变化,从而联系形态结构、化学成分和机能来阐明组织和细胞的动态变化。

(4) 研究病理过程中细胞内及周围环境的生物化学改变及机能形态的变化。

(二) 从化学反应的技术原则来看

1. 光镜组化是以产生颜色反应为根据,以此为技术原则,根据原理的不同,组化方法分为下述几类。

①化学方法根据化学反应的原理,在组织切片上生成沉淀显示其定位。

②类化学方法。

③物理学方法。

④物理化学方法。

⑤应用生物学特性的方法。如利用大分子物质具有免疫原性的特点,用酶标抗体显示细胞内大分子物质的免疫组织化学方法。

⑥显微烧灰法。检查无机矿物质。根据无机矿物质不能燃烧的特性,将有机物燃烧后,对残留物进行检测。

⑦亲和细胞化学法(affinity cytochemistry)。利用 2 种物质之间特异性高亲和作用而建立起来的细胞化学技术。

2. 与光镜组化不同,电镜超微细胞化学不是以产生颜色反应为根据,而利用细胞化学产物的电子不透明度来识别和定位。因此,标本制备的主要特点是利用特异的化学反应产生不溶性电子致密沉淀物。按此原则,大体上可把电镜细胞化学反应原理分以下几类。

(1) 用特异的处理方法使组织和细胞上的电子透明物质(即看不到的物质)产生电子致密沉淀物以便观察。

①靠化学亲合力产生金属盐沉淀。在正常情况下钠离子是看不见的,但是经过焦锑酸离子作用后形成焦梯酸钠沉淀,在 EM 下就可看见。又如,糖原也是在与铁离子结合形成电子致密沉淀之后,才能在电镜下显现。

②被检物作用于适当的底物而形成可见的电子致密沉淀。许多酶都是属于此类原理，例如蛋白过氧化酶，在有过氧化氢的条件下，可使底物与化合物氧化而形成电子致密沉淀。又如磷酸酶作用于磷酸酯之后使磷酸盐离子游离出来，后者再与铅离子结合成电子不透明的磷酸铅沉淀。

③标记的抗原抗体复合物。组织和细胞里的抗原可借助电子不透明的标记物铁蛋白结合抗体（或胶体金结合抗体和辣根酶标记的抗体等）而得到显示，这都是免疫电镜技术的原理。

（2）特异酶消化或特异溶剂提取法使电子致密物消失的鉴别法　某些细胞器本身，本来就是电子致密结构，可用特异的酶或特异的溶剂在组织固定之前预先处理之，使其在以后的固定和染色中不产生沉淀物以反证其存在（即特异酶消化印证法）。在组织固定之前，先用 RNA 酶、DNA 酶以及其他蛋白酶消化，然后再用特异染色，电镜下在相应的部位出现空白区以反证核酸和蛋白质的存在。又如要鉴别脂肪可用有机溶剂处理。

（3）被检物本身是自然的电子致密物或化合物，常见的自然电子致密物质，如铁蛋白、血红蛋白等。

（三）光镜酶组织化学与电镜酶细胞化学的优缺点（表 4-2）

表 4-2　光镜酶组织化学与电镜酶细胞化学的优缺点

光镜酶组织化学（LEHC）	电镜酶细胞化学（EECC）
分辨率低	分辨率高
很难鉴定细胞器和酶的精确位置	容易鉴定细胞器和酶的精确位置
操作方法和程序可有多种选择	必须保存超微结构，选择余地窄
反应产物为有色沉淀	反应产物必须是高电子密度
可显示的酶有百多种	仅有 40 多种

观察的主体：光镜组织化学—光镜组织结构（细胞＋间质），是组织；细胞化学观察的主体是细胞；电镜细胞化学—电镜超微结构（细胞器），观察的主体是细胞器。

两者紧密相关，只是所观察的层次不同、水平不同。光镜是宏观的全面的，较粗放；电镜是微观的、局部的，较精确。两者有机地结合起来，方可更完整、更全面地阐明有机体的生理或病理的形态及功能。

四、电镜细胞化学的要求

为了能在完好的结构上同时显示其化学物质，酶细胞化学技术必须满足下列要求。

(1)保持细胞在生活状态下的结构，不损伤或破坏细胞和组织的微细结构。

(2)保存细胞内的生前化学成分及酶活性。

(3)采用的方法是已知的化学反应，具有高度的特异性。即反应试剂对细胞和组织内被测定的化学物质有专一性。

(4)反应的最终产物应为不溶解的、稳定的、"颜色"很深的、晶体很小、又不会扩散的、可显示化学物质原位的沉淀物，并且在以后的标本处理中也不会改变自己的位置。

由于电镜的分辨率比光学显微镜要高很多，反应最终产物的任何微小移位虽在光镜下观察时不易发现，但在超微结构上的变化就非常明显了。因此，对电镜标本的制备方法也有一些特殊要求，以避免在超微结构水平上出现细胞和组织化学反应定位的假象。

五、电镜细胞化学反应的基本方式

以水解酶或氧化还原酶,如磷酸酶的电镜细胞化学为例。

(一) 电镜细胞化学反应(包括组织化学)大致可分为两步

第一步:底物(S)经酶作用而分解。产生可溶性初级反应产物(P1)即酶反应:S 酶 P1(可溶性)。

第二步:是初级反应物和相应的捕捉剂(CA)形成一种不溶性化合物称最终反应产物(P2),然后 P2 被包埋保存下来,此步即捕捉反应。例如,磷酸酶分解磷酸酯,释放出磷酸根(P1),遇捕捉(获)剂硝酸铅(CA)。形成电子致密的磷酸铅(P2)沉淀。

(二) 底物

目前应用的底物有以下 2 种。

1. 自然存在的底物

自然底物因能产生不溶性电子致密物,现已应用于生化和组织化学反应。目前主要用金属盐类以检查单、二及三磷酸钠,也用四唑及高铁氧化物还原法检查特异的脱氢酶。

2. 嗜锇性的"人工产物"也有较多的应用

一种酶可以有多种底物。电镜细胞化学中理想的底物要求具备以下特点。

①水溶性。

②在水溶液中比较稳定。

③能与参加反应的其他混合物"相容"。

④对作用的酶没有抑制作用。

(三) 捕获剂与捕捉反应

捕捉反应是电镜细胞化学中常用的反应。它的作用是使原始反应产物经过捕捉反应而变成最终反应产物以便于电镜观察。由于捕捉反应很快,在 100 ms,即可使原始产物与蛋白相结合,而且偶合率也很快,因此不致造成明显的扩散。

捕获剂是显示细胞化学反应的重要成分,没有捕获剂就形不成不溶性终产物。捕获剂多是重金属(例如铝、钡、铜)、重氮盐和二氨基联苯胺,由于后两者产物嗜锇而增强了电镜像的反差。

使用捕获剂时的注意事项如下。

(1)首先应考虑其有足够的浓度,以接触初级产物,这就意味着在孵育时,要使捕获剂足以向组织内扩散。因为捕获速度与酶附近捕获剂的浓度成正比,而不仅仅是与孵育液中的浓度成正比。为此,在提高孵育液中捕获剂浓度的同时,要尽一切努力使捕获剂向内扩散。标本块要小而薄,有时要薄到 40 μm 才能充分穿透。一般来说,未固定组织内的通透性都很差,影响细胞化学的显示,可以采取初固定以破坏细胞膜的半透性,促进捕获剂向内扩散,某些捕获剂例如铁氰化物和重氮盐的通透性更差。

(2)要注意捕获剂与初产物结合后的向外扩散,以及初产物产生过快过多,使捕获剂浓度相对降低,定位不准。因此,许多细胞化学反应常选择在酶反应最适温度和最佳 pH 下进行,在 0~4 ℃下孵育。

(3)还应防止脱水、包埋、超薄切片复染溶液枸橼酸铅、醋酸铀对终产物的破坏作用。例如芳基硫酸酶（arylsalphatose）最终反应产物应为电子致密物。

电子致密物可以是金属盐沉淀，也可以是嗜锇甲替沉淀。酶反应后，经制片过程，尤其是常用于超薄切片染色的试剂，有使酶反应产物丢失的危险，如酰基硫酸酶的反应产物 $PbSO_4$ 和 $BaSO_4$，在柠檬酸铅（pH 12）和醋酸铀染色时丢失；而重金属磷酸盐较为稳定。

在电镜细胞化学中常采用锇桥连技术。常用的锇桥连试剂为硫卡巴肼（TCH）和二氨基联苯胺（DAB）。硫卡巴肼的肼基为强还原剂，易于使 OsO_4 还原；二氨基联苯胺可氧化聚合为嗜锇聚合体，增强反应。最终反应产物均为锇黑。如经胆碱酯酶（CH 酶）或琥珀酸脱氢酶（SDH）生成的亚铁氰化铜可桥连 3～4 个锇分子。反差明显增强，作用时间大为缩短，适用于光学和电镜观察。

Hanker 等（1983）利用细胞化学反应生成的金属离子捕获的沉淀物，催化生成嗜锇聚合体。OsO_4 和嗜锇聚合体相连接，反应更加增强。DAB 为常用的单体，经此过程，每一分子 Hatchett 棕和 8 分子的锇相结合。

生成嗜锇聚合体的方法，成功地应用于显示酸性磷酸酶、酯酶、胆碱酯酸和脱氢酶。此外，Seligman 等（1971）合成嗜锇四唑盐—双苯乙烯硝基蓝四唑（DS-NBT），生成的双甲替沉淀嗜锇，经 OsO_4 固定也形成锇黑，可用于电镜观察。

六、反应产物和对照

1. 反应产物

细胞化学反应应当在标本的特异部位上出现具有高度反差的产物，它们可以是重金属也可以是酶反应产生的沉淀。沉淀的生成分两步进行：第一步，在饱和的溶液中先形成小核心；第二步，再以这个胶状的小核心为中心聚积起可见的沉淀。

一般情况下理想的反应产物应当具备以下性能。

（1）均质性能。

（2）电子致密性能。

（3）不被树脂、水及其他有机溶剂所溶解。

（4）应该是有色聚合物，并不与组织或细胞蛋白相结合，不溶于脂肪，较少生成结晶。

（5）不易扩散。扩散会降低定位的特异性和准确性。

2. 电镜细胞化学反应的对照问题

为了得到精确的定位，对照实验必须当作常规来进行，对照的要求如下。

（1）同一组织，同一部位。

（2）同样的溶液。

（3）不加底物或化学试剂，或者加热使酶灭活。

（4）可用已知阳性或阴性反应标本来检查未知的标本进行对比观察。

（5）如有可能，同时用几种方法检查同一种酶，以增加实验的准确性。

七、电镜细胞化学的关键性技术步骤

电镜酶细胞化学要求标本既要保存细胞内部精细的超微结构，又要保持超微结构的酶活性，并在原位显现。此在标本制作的各个环节，较光镜组化更为严格、精细，有特殊的程序和步骤。

电镜细胞化学的技术核心是孵育,孵育前的首要问题是保存结构和酶活性(即固定是关键),孵育后是保存反应沉淀物。

细胞化学与组化程序比较如下。

①电镜细胞化学法。新鲜细胞组织,切片 20～40 μm,前固定或不固定(化学),孵育反应(原位),后固定,脱水,电镜包埋,超薄切片(50 nm),后染色,电镜观察。

②生化亚细胞分析。新鲜细胞组织,破碎匀浆,高速度梯度离心,分析亚细胞成分,原位孵育反应后电镜观察,或生化反应后经分光光度计等进行生化测定。

③组织化学法。新鲜细胞或组织经涂片后固定,制作 10 μm 冰冻切片或 4 μm 石蜡切片,孵育反应,复染或衬染,脱水,封片,光镜观察。

(一) 缓冲液

①缓冲液的 pH 要接近蛋白质(酶)的等电点,此点最利于酶活性的发挥。

②缓冲液应具有良好的缓冲系统,其缓冲能力必须足以对抗水解放出的酸或碱。

缓冲液的选择要根据细胞化学反应、缓冲的 pH 范围和程度。磷酸缓冲液适合中性(pH 7 左右)的缓冲,离子浓度取决于要缓冲物的浓度。

若反应中有钙离子参加最好不用磷酸缓冲液,以免钙与磷酸基起反应。

Tris 属于氨基缓冲液,为避免氨基与醛的反应,两者不可共用。应选择缓冲能力足够强,pH 接近于孵育 pH 的缓冲液,漂洗和固定尽量用同一种缓冲液。

电镜细胞化学所用的缓冲液主要有:磷酸缓冲液(PB)、Tris(三氨基甲烷)、盐酸缓冲液和二甲砷酸盐缓冲液等。

(二) 固定剂和固定方法

1. 固定的目的意义

固定,是将需保留或制作成标本的脏器或组织,浸入固定液内,使组织的形态结构尽可能保持在生命的状态,组织细胞内的物质成分变的不溶性,而得到保存,且能适于某些研究程序。例如,组化、细胞化学材料的固定必须能显示组织细胞的各种化学成分及其酶,细胞化学的固定要求则更高,既要很好地保存超微结构,又要尽量保持酶活性,同时还要保持反应终产物(电子致密物)在制片过程中(脱水、包埋、超薄切片、复染等)不被破坏。

在一般情况下凡是需要制作成大体标本和显微镜切片标本的各种病理组织,都要先行固定。而用于组化研究及酶细胞化学的组织在进行组化染色前必须经过固定。固定是组化、酶细胞化学技术的关键。固定不良在以后任何阶段皆不能补救。因此可以说,没有良好的固定基础,就不可能制作出质量可靠的组化切片,反映不出被研究的组织细胞的生化特点。具体说来,固定的作用如下。

(1) 杀死细胞,改变组织细胞膜通透性,使染料或作用物能进入细胞内。

(2) 抑制(防止)自溶和腐败。

(3) 固定使细胞内蛋白质、脂肪、糖、酶等各种成分沉淀或凝固,从而保持其原有的结构和性质。

(4) 固定也可使细胞从正常时的溶胶状态变为凝胶状态,从而增加组织的硬度,有利于制片。

2. 固定方法

浸泡固定、灌注固定、化学固定、物理固定(火焰固定)、蒸汽固定。

按操作程序区分为组织化学—单固定；电镜细胞化学—双重固定：初固定或预固定和后固定。

最常用的方法是浸泡固定。在特殊情况下也采用灌流固定和蒸汽固定。作酶细胞化学尽量采取灌流固定法，在灌流之前先配好清洗液（如生理盐水、Ringer 液或 PBS）灌洗器官血管，以利灌注。固定液、清洗液 pH 应调到 7.2～7.4，渗透压在 300～350 mOsm/L（肾脏需要 1 000 mOsm/L）。加抗凝剂（如肝素钠 5 000 μg/1 000 mL），抗血管收缩剂（盐酸普洛卡因 5 g/1 000 mL）。

3. 固定时应注意的事项

取材新鲜，固定及时。

4. 固定液的选择与应用

固定液和固定剂，是两个不同的概念。固定剂，用于固定组织标本的试剂称为固定剂。固定液，由固定剂配制成固定组织标本的溶液称为固定液、甲醛、酒精、丙酮、升汞、重铬酸钾、冰醋酸、苦味酸、三氯酸酸、锇酸等为固定剂。

由上述固定剂可配制出上百种固定液，用于组化研究的多达几十种，用于酶细胞化学的较少。不同固定液有不同的作用，因而在应用固定液时应根据组织标本的性质、观察或研究的不同目的恰当地选择所需的固定液。

在选择与应用固定液时应注意的问题，见前组化。

上述为一般光镜组化的情况。显示酶在超微结构的定位（即电镜细胞化学），较光学组化要求更加严格苛刻。因为每种酶的活性与特定的细胞器有关，所以不仅要保存酶活性，还要保存细胞的微细结构。一般常规电镜用醛、四氧化锇（OsO_4）和高锰酸钾（$KMnO_4$）作为保存细胞微细结构的固定剂。但因 OsO_4 和 $KMnO_4$ 为重金属氧化剂，易破坏酶活性的氧化能力，故不能应用，或单独应用，所以在电镜细胞化学中常用醛固定。醛使蛋白质生成交联，保存形态结构，也保留了一些反应基团，可保存酶活性 20%～70%，还能将酶固定在原位不扩散增加膜通透性，以利于化学反应。

甲醛与蛋白质是在分子间的交联（cross-link）上起反应，最终产生一种不溶性产物、甲醛可与赖氨酸、精氨酸、组氨酸、天门冬氨酸、半胱氨酸、酪氨酸、色氨酸、麦角酰胺等起反应。戊二醛有双重作用，主要与氨基起反应，是胶原的交联剂，此交联作用使结构保存良好，但通透差。

水解酶较氧化酶更能耐受醛固定。为了得到合适的活性，有时对超微结构做些牺牲。最常用的醛为甲醛及戊二醛，它们可以保存微细结构及酶活性。甲醛保存酶活性较好，但对结构保存较差，甲醛对保持抗原性也好。戊二醛为超微结构的优良固定剂。

1963 年 Sabatini 最先将戊二醛用于酶细胞化学固定。

不少学者将甲醛与戊二醛按比例混合配制成混合固定液，兼备两种醛类的优点，例如：R1：2.5% 戊二醛 4 mL，0.1 mol/L 二甲砷酸钠缓冲液（pH 7.2）50 mL，4% 多聚甲醛液 46 mL。新鲜配制后对某些酶、电镜细胞化学及免疫电镜例如病毒抗原等保存较好，酯酶也可。要想得到理想的结果，戊二醛和甲醛的纯度至关重要。市售的甲醛因含有甲醇及甲酸（11%～16%）等杂质，不能用于细胞化学，需用多聚甲醛，在临用时解聚配成所需浓度。戊二醛可用活性炭作纯化处理。

为了细胞化学的目的选用中性二甲砷酸盐缓冲液或磷酸盐缓冲液配制醛溶液。醛的浓度为 0.5%～4%，高浓度会破坏酶的活性，损伤细胞的微细结构。固定时间不能超过 6 h，固定后至少用缓冲液洗 1 h,最好过夜,醛固定及换液浸洗过程均在低温(4 ℃)下进行。

经过醛固定,组织无足够的反差及电子密度,无染色作用,不能使脂类不溶于有机溶剂,细胞膜为负像,可用 OsO_4 或 $KMnO_4$ 后固定克服。后固定尚有稳定已被醛保存的微细结构的作用,可经受脱水包埋的处理。用 OsO_4 等后固定,是电镜细胞化学方法所必需的步骤。

在酶细胞化学中固定温度应为 4 ℃,固定时间取决于所显示的酶对固定剂的敏感度而定,例如 ACP 对醛固定剂不敏感,可保存过夜;而欲显示葡萄糖 6-磷酸酶,则固定不得超过 20 min。一般说固定时间为 5～10 min。

固定后要充分用冷缓冲蔗糖液冲洗干净。可在 4 ℃冲洗 4 h 以上,甚至过夜。

细胞化学常应用温和的初固定,目的是防止细胞在反复冲洗和反应中损坏;改善膜结构的通透性,以利反应物通透。初固定影响一些酶的活性,常用低浓度新鲜甲醛缓冲液冷固定(4 ℃)1 h,若酶对其太敏感,只能初固定数分钟。

初固定后应充分清洗,以除去过剩的固定剂。常用配制固定液的缓冲液来冲洗,4 ℃数小时或过夜。

(三) 冷冻切片或冰冻切片

最早直接用组织块进行孵育,但因组织块厚,固定效果不好,易造成反应产物的假象定性。因此,目前多采用在孵育前将不同组织块先用冷冻切片机切成 50 μm、40 μm 或 25 μm 的切片,然后再入孵育液孵育,这样可避免出现假象定位。

(四) 孵育及孵育液

电镜细胞化学的核心步骤是孵育。孵育液在组成上和浓度比例上都相当严格。要注意掌握孵育液的浓度、渗透压、温度、时间等。孵育液中应含有浓度充分的酶作用底物、捕获剂和激活剂;对照实验应加抑制剂;应有最佳 pH 和良好的缓冲系统。

1. 采用合适的底物

其浓度应充分满足酶的需要。从理论上说,过量的低物有抑制作用。但实践中细胞化学中作用的底物都过量。若底物与捕获剂有结合反应,应做对照。一般来说,某种酶的底物仅一、两种可用,但是在某些技术中可用的底物相当多,如酯酶中所用的萘酯酶。注意改变萘酚环上的取代基可大大改变其特异性和捕获速率。

2. 激活剂与抑制剂

两者是电镜细胞化学中不可缺少的成分,激活剂可促使酶促反应,增加活性,加快反应速度,常用的激活剂有 Ca^{2+}、Mg^{2+}、Mn^{2+}、Zn^{2+}、CO^{2+} 等,依反应不同而异。

抑制剂:组化的特异性与否,很多情况下要通过使用特异性抑制剂的对照实验来证实。组化与生化技术不同,大多数组化酶反应处于非生理条件下,如底物、pH 等都是非生理性的,而且总有捕获剂。在这种情况下,一般所用的可逆性抑制剂,竞争性抑制剂都不太有效。因此,在判断抑制效果时,应当谨慎。

3. 孵育液的 pH 缓冲系统

已在前述,见 100 页。

4. 配制孵育液的要求

(1) 玻璃器皿要特别干净,应刷洗冲净,过酸,避免和金属接触。

（2）大多数孵育液须临用前新配制，按次序逐一加入试剂，边加边搅，使其充分混合溶解。

（3）孵育液中各成分比例、pH 和浓度的可变范围很窄，不可随意更改，打乱其平衡。

（4）所用的化学试剂都应该是保证纯（GR 绿）试剂，最好是优级纯，至少也应是分析纯（AR 红）（化学纯-CP 蓝；实验纯-LR 黑）。底物最好放在干燥器里，置于冰箱中；吸水试纸，需随时密封，保存在干燥器中。

（5）最后再调整 pH，防止变动。

（6）必要时过滤后使用，以防沉渣污染标本。

5. 孵育时间和温度

温度对细胞化学有影响，不同组织化学反应的温度系数变化范围很大。温度对酶水解过程影响较大，对捕获反应、扩散过程影响略小。总的来说，降低孵育温度能减少扩散，改善定位，但灵敏度要差一些。但一般对孵育温度要求不太精确。在较低温度下孵育，定位性要好，室温或 37 ℃孵育使染色较强。

电镜细胞化学反应最好在恒温水浴箱内进行，将待孵育的切片捞出后立即放入孵育液中，置水浴内反应，孵育时间因细胞和酶的种类不同而异。如血细胞的硫酸芳基酯酶 37 ℃反应 1 min，酸性磷酸酶（ACP）则需 20 min，丁酸酯酶只需 10 min，氯醋酸 AG-D 酯酶仅需孵育 5 min。孵育时间越长，反应越强，但是反应产物越弥散，人工假象越多。

为使试剂充分进入组织细胞，可边孵育边轻轻振动或搅拌。为控制和把握好反应效果，可在孵育的不同时间取出标本进行光镜检查，确定反应效果。此外，也可采取预孵育，将组织先放入无底物的孵育液中，使酶在遇到底物之前就处在最适 pH 和足够捕获剂的条件下。

孵育后将标本在冷缓冲液中清洗 30～60 min，换液 2～3 次，以清除孵育液，然后锇化，即用 1%～2% OsO_4（4 ℃）缓冲液后固定 60 min 以上，锇化即可保存超微结构，又可增加电子密度和反差。

细胞化学反应各环节对酶水解反应和捕获的影响见表 4-3。

表 4-3　细胞化学各环节对酶水解和捕获终产物的影响

环节和因素	对酶水解的影响	对捕获反应的影响
固定	失活、底物的穿透性，改变特异性	捕获物的扩散
温度	水解速度、失活	速率、扩散
pH	水解速率、失活	速率、终产物溶解
底物	水解速度、过量抑制	和捕获剂结合特异性
抑制剂	特异性水解速率	降低捕获剂的消耗
捕获剂	抑制与低物结合	速率
其他离子	速率、特异性	终产物的溶解、与捕获物结合

（五）脱水与包埋

与普通电镜标本一样，电镜细胞化学的标本也必须经脱水、浸胶和包埋。因为绝大多数包埋剂是不溶于水的，不脱净水，包埋剂就渗透不进细胞、组织块。当然也有水溶性包埋剂，用此即可省去脱水一步。

目前，在许多实验室应用冷冻超薄切片技术替代一般超薄切片，把新鲜组织块快速冻结，无须经脱水、包埋，就能在低温下切片，这样并不影响组织的化学成分，但技术比较复杂。

常用的脱水剂有乙醇、丙酮和环氧丙烷。选用哪种脱水剂应视包埋剂而定。包埋剂环氧树脂易溶于丙酮和环氧丙烷，因而选用丙酮或环氧丙烷脱水，若包埋剂为甲基丙烯酸，其易溶于丙酮和乙醇，则可选用乙醇或丙酮脱水。

脱水过程应采用逐级加浓的丙酮或乙醇，以免引起细胞的剧烈收缩，结构变形。

脱水程序：30％丙酮或乙醇→50％丙酮或乙醇 5～10 min→70％丙酮或乙醇 5～10 min（需要时，可 4 ℃过夜）→80％丙酮或乙醇 5～10 min→90％丙酮或乙醇 5～10 min→95％丙酮或乙醇 5～10 min→100％丙酮或乙醇 5～10 min×3 次，保证 100％纯度→浸胶：（100％脱水剂：包埋剂＝1：1）30～60 min→包埋剂。

浸胶和包埋的目的是使包埋剂渗入组织、细胞聚合硬化之后得到硬度适当的标本块，以利作超薄切片。

电镜和电镜细胞化学的包埋剂应具备以下特点。

（1）有良好的硬度和切割性。

（2）电镜下透明度好，反差强，能经受电子束的轰击。

（3）溶于脱水剂，黏度低，能渗入组织和细胞。

目前常用的环氧树脂类型号为 Epon812、Aradite502、Spurr 及环氧树脂 E-51。此外还有水溶性包埋剂，例如 JB-4，LowieryIK4M 等。

浸胶和包埋过程中应注意根据季节温度调整 DDSA（十二烷基琥珀酸酐）和 MNA（甲基拉迪酸酐，加硬）比例，使标本块硬度适中。

以环氧树脂 618 为主的配方见表 4-4。

表 4-4　以环氧树脂 618 为主的配方

样品数	1	2	3	4/5	6/7	8/9
618(g)	1.5	3.0	4.5	7.5	10.5	13.5
＊DDSA(mL)	1.0	2.0	3.0	5.0	7.0	9.0
＊DBP(mL)	0.1	0.2	0.3	0.5	0.7	0.9
＊DMP-30(滴)	1	2	3	5	7	9

注：DBP：邻苯二甲酸二丁酯。增韧剂（dibatyl phthalate）。

DMP-30：2,4,6-三（二甲胺基甲基）苯酚。加速固化剂（后加）。

配制时防潮，用注射器抽取，混匀，标本硬度和韧度可调节上述各试剂用量。

以 Aradite502 为主的配方见表 4-5。

表 4-5　以 Aradite502 为主的配方

样品数	2	4	6	8
Aradite 502(mL)	2.7	5.4	8.1	10.4
DDSA(mL)	2.3	4.6	6.9	9.2
DMP-30(mL)	2	4	6	8

Epon812 是一种长链脂肪族环氧树脂，公认的优良包埋剂，配方很多，一般按以下配方。

A 液：Epon812,62 mL;DDSA,100 mL。

B 液：Epon812,100 mL;MNA,89 mL。

A 液多则块软,B 液多则块硬。冬天常用 A∶B＝2∶8,夏天常用 A∶B＝1∶9,并结合组织硬度和气候,调整其比例。A、B 液混合后,再加 1％～2％ DMP-30,充分搅匀,即可使用。为了操作方便,也可将 Epon812、DDSA 和 MNA 先混合。

以 Epon812 为主的配方见表 4-6。

表 4-6　以 Epon812 为主的配方

样品数	1	2	3	4	5	7
Epon812(mL)	1.5	3	0.5	6	7.5	10.5
DDSA(mL)	0.6	1.2	1.8	2.4	3.0	4.2
MNA(mL)	1.0	2.0	3.0	4.0	5.0	7.0
DMP-30(滴)	2	4	6	8	10	14

MNA：甲基纳迪克酸酐(methyl nadic anhydide)硬化剂,使包埋块偏硬。

包埋方式有多种,可将标本置胶囊底或硅胶平板横具中灌树脂包埋,也可以用定位倒置包埋,后者是先将细胞化学反应的厚片(10～40 μm)固定在载玻片或聚酯薄膜上,在显微镜下确定了阳性反应部位后,用灌满包埋剂的胶囊倒扣在阳性标本上,置温箱中聚合、塑化、硬化后可用骤浸液氮或沸水中分离开合标本的胶囊与玻璃载片。也可用已聚合的树脂块,进行黏合包埋。或将标本、树脂滴于块上聚合包埋。

对于细胞等悬液细胞在孵育反应后,先按上述进行。在浸胶、入包埋剂时,细胞于胶囊内离心 2 500 r/min,30 min,使悬液细胞、沉淀于胶囊底再升温塑水。

另外,在反应、冲洗后,将细胞用 5％明胶混匀,高速离心(10 000 r/min,15 min)细胞黏合成块,再入 OsO_4 锇化。以后各步与前述相同,最终成为包埋块。

包埋注意事项如下。

(1) 根据季节、温度调整 DDSA 和 MNA 的比例,使标本块硬度合适。

(2) 包埋器具要干燥、清洁。

(3) 包埋剂要充分搅匀,并尽量少生气泡。

(4) 控制室内或包埋箱内的湿度(约 60％)。

(5) 贴好标签。

(6) 聚合条件：一般为 37 ℃过夜后,60 ℃ 24～36 h。

(7) 硬化的包埋块应在干燥器内保存,以防吸潮变软。

(六) 修块、超薄切片和电子染色

电镜细胞化学标本的修块与普通电镜标本相似,修块中更需确定是否保留所需要的细胞,该细胞是否已发生了细胞化学反应。

为了确定细胞化学反应程度和最佳部位,可先做一半薄切片(1 μm)或薄切片(3～5 μm),进行光镜检查,再做超薄切片(40～50 μm)。

普通的电镜切片必须经饱和醋酸铀和枸橼酸铅双染色。电镜细胞化学的超薄切片中已有高电子密度的反应产物,因此可用铀或铅单染色显示结构,增强化学反应产物。也可用铀和铅双重染色。一般来说,细胞化学反应后,单染铀更易于突出和辨认出反应产物。

染色方法如下。

①将饱和醋酸铀水溶液(或 50%乙醇配制)滴在专用蜡盘上(铀有放射性)。

②将载有标本的铜网标本面朝下地覆于铀滴上,室温下 15~30 min。

③用双蒸水冲洗铜网,滤纸吸干即可。

④若进行双染色,可再将该铜网覆于枸橼酸铅染液滴上,室温下 5~20 min,蒸馏水冲洗。吸干即可。为防止 CO_2 和碳酸铅沉淀的生成,染色时可在蜡盘上铜网的周围放几颗固体 NaOH 并扣上盒碟。

枸橼酸铅配方是:1.33 g 硝酸铅[$Pb(NO_3)_2$],1.76 g 枸橼酸钠 $NaCH_5O_7 \cdot 2H_2O$,加双蒸水 30 mL,振荡,加 1 mol/L NaOH 至透明即可。

第四节 目的蛋白的检测及鉴定技术

一、酶联免疫吸附试验

酶联免疫吸附试验(ELISA)可以用来检测表达目的蛋白,其基本原理是将针对目的蛋白的抗体包被在 ELISA 板上,加入含有待测蛋白产物的溶液,孵育和洗涤后加入酶标记的针对目的蛋白的抗体,孵育和洗涤后加入酶反应底物显色,测定 OD 值。实验时应该设立阴性对照和阳性对照,阴性对照应该在每个成分和操作步骤上和表达的目的蛋白一样,包括做 ELISA 时的样品处理,仅仅是没有插入目的基因。阳性对照应该含有确定表达的目的蛋白。以 P/N 值大于 2.1 为阳性。

对表达产物进行系列稀释后进行 ELISA 检测,可以初步了解目的蛋白的表达量。

和免疫荧光一样,ELISA 不能检测表达蛋白的大小,如果只是部分目的基因得到表达,表达的蛋白是小于预期分子量的多肽仍然可以造成 ELISA 检测结果阳性。

用免疫学方法如免疫荧光和 ELISA 检测表达产物,简便易行,是一些实验室的常规实验方法,但是使用免疫学方法必须有针对目的蛋白的抗体,对一些未知蛋白的检测有困难,而且,此方法只能定性,不能定位。

二、SDS—聚丙烯酰胺凝胶电泳的基本操作

SDS—聚丙烯酰胺凝胶电泳(SDS-PAGE)是用于鉴定蛋白质分子量的最常用生物学方法,用 SDS-PAGE 可以检测诱导表达后的蛋白样品(被检样品),确定其中是否存在和目的蛋白分子量相同的蛋白。SDS-PAGE 的分辨率很高,用考马斯亮蓝染色或银染的灵敏度也很高,染色后可以对蛋白条带扫描定量分析。SDS-PAGE 操作简单,如果蛋白表达量高可以用细胞直接加入到电泳样品缓冲液中上样电泳。如果用同位素标记蛋白,电泳后进行放射自显影,可以大大提高检测的灵敏度。电泳时应设立不表达目的蛋白的对照,表达目的蛋白的样品应比对照多出和目的蛋白预期分子量相同的条带。SDS-PAGE 仅显示蛋白的分子量,不涉及蛋白的其他特性,有时表达的目的蛋白和细胞蛋白的分子量非常接近,用 SDS-PAGE 不能加以区分。

如果对样品先进行等电聚焦电泳,然后进行 SDS-PAGE,即双向电泳或二维电泳,可以通

过蛋白的表面电荷及分子量这两个参数对表达的蛋白进行鉴定,特异性和敏感性提高,只是操作复杂(操作过程略),需要较多试剂和仪器。

三、蛋白印迹试验的基本操作

Towbin 等在 1979 年建立了蛋白印迹试验(western-blot assay),即将 SDS-PAGE 的高分辨能力和抗原抗体反应的特异性、敏感性相结合的方法。在蛋白印迹试验中,由于蛋白和抗体的反应是在 SDS-PAGE 之后进行的,而 SDS-PAGE 后的蛋白是变性蛋白,虽然有一些使变性蛋白复性的方法,但都不能保证所有的变性蛋白完全复性,特别对一些抗原性是构相依赖的蛋白,在进行蛋白印迹试验时会出现假阴性。虽然蛋白印迹试验有一定的局限性,但由于方法简便,仍然较常用。

蛋白印迹试验中 SDS-PAGE 后的转移有不同的方法,最初的方法是将电泳后的聚丙烯酰胺凝胶和硝酸纤维素膜贴在一起,外面加上一些滤纸和海绵,再用塑料夹固定,然后垂直放进一个充满转移缓冲液的电泳槽中,凝胶面对着阴极,硝酸纤维素膜对着阳极,在大电流下使蛋白从凝胶中转移到硝酸纤维素膜上。这种方法转移需要的时间较长,加之转移时的电流较大,往往需要在电泳槽中放置冷却装置,而且需要用较多的电泳缓冲液。后来曾发展过一种真空转移方法。目前最常用的方法是 Kyhse-Ander 于 1984 年发明的半干转移(semi-dry electro-phoretic transfer),该方法是将电泳后的凝胶和硝酸纤维素膜紧贴在一起,放置在板状的电极之间进行电转移,不需要加入大量的电泳缓冲液,仅在凝胶、硝酸纤维素膜和电极之间加用缓冲液湿润的滤纸就可以了。半干转移操作简单,节省时间和缓冲液。

在进行 Western-blot 时,应充分了解所检测表达蛋白的生物学特点,在此基础上可以进行一些变通的实验,如所检测的蛋白具有一些酶活性,可以用一些能够显色的底物和硝酸纤维素膜上的蛋白反应,使蛋白显色。还可以用标记的核酸(RNA、DNA 均可)和硝酸纤维素膜上蛋白进行结合试验,了解蛋白和核酸的相互作用。Western-blot 所用的器材和方法一般都可以用于 DNA 和 RNA 的转移。具体操作步骤见附录四。

四、放射免疫沉淀技术的基本操作

放射免疫沉淀(radio immuno-precipitation,RIP)的原理是在细胞培养液中加入同位素标记的氨基酸,新合成的蛋白会被标记上同位素,如果是对表达外源基因的细胞进行同位素标记,则表达的外源蛋白也会被标记。将标记后的细胞用去污剂裂解,加入针对所表达外源蛋白的抗体与表达的外源蛋白进行免疫学反应,形成抗原抗体复合物。加入 A 蛋白葡聚糖凝胶后,A 蛋白和 IgG 抗体 Fc 段结合,通过数次漂洗,将未和抗体结合的蛋白洗去,和抗体特异性结合的蛋白通过和蛋白 A 的结合仍然保留在凝胶上。用 SDS-PAGE 分离蛋白,通过放射自显影显示是否沉淀特异性的蛋白,并能够了解所沉淀蛋白的分子量。做放射免疫沉淀试验时,由于有时不能将非特异沉淀的蛋白完全洗去,在胶片上显示一些条带,使结果不易分析。因此,应设立必需的各种阳性和阴性对照,如正常细胞对照、正常血清对照、天然蛋白对照等。

和蛋白印迹试验一样,放射免疫沉淀试验在鉴定表达产物分子量的同时,也鉴定了表达产物的一些生物学活性。放射免疫沉淀实验中,蛋白和抗体的反应是在 SDS-PAGE 前,避免了在免疫反应时抗体和变性蛋白反应,和蛋白印迹试验相比,这是放射免疫沉淀试验最大的优点。该方法操作相对较复杂,需要使用放射性同位素,但是不需要特殊的仪器设备。目前已经有非同位素标记的氨基酸问世,可望使该方法的应用得到改善。

放射免疫沉淀可以分为四个过程:同位素标记,免疫沉淀,SDS-PAGE 和放射自显影。同位素标记的原理是将同位素标记的氨基酸掺入到细胞合成的蛋白质中,使合成的蛋白质具有放射性。常用的同位素有 ^{35}S 标记的蛋氨酸和 ^{3}H 标记的亮氨酸,^{35}S 的半衰期较短,^{3}H 的半衰期较长,但是 ^{3}H 的放射强度较弱。将表达外源基因的细胞培养数天,如果是用表达外源基因的重组病毒感染细胞,则可以根据所使用启动子的时相决定开始标记的时间。先用无蛋氨酸(用 ^{35}S 标记蛋氨酸时)或无亮氨酸(用 ^{3}H 标记亮氨酸时)的培养液"饥饿"细胞数小时,然后用标记有同位素的氨基酸标记蛋白。用合适的含去污剂的细胞裂解液裂解标记的细胞,常用的去污剂有 FritonX-100、NP40 和 Zwittergent 等,然后加入针对目的蛋白的抗体和相应蛋白反应,反应一般在 4 ℃过夜进行。次日用固定化的金黄色葡萄球菌 A 蛋白沉淀抗原抗体复合物,固定化的金葡菌 A 蛋白一般以 Sepharose 4B 偶联的 SPA 较为多用,如果购买的 Sepharose 4B-SPA 是干粉状,应该用细胞裂解液将其膨胀水化,并用细胞裂解液洗数次后使用。用含去污剂(和细胞裂解液中使用的去污剂相同)的缓冲液反复洗涤结合有抗原抗体复合物的 Sepharose4B-SPA,去除未和抗体结合的蛋白。最后用 pH 8.0 的 Tris-HCl 洗 2 次,用洗涤后的 Sepharose4B-SPA 为样品进行 SDS-PAGE,电泳结束后,用闪烁剂处理凝胶,然后将凝胶干燥,置暗盒中,加上 X 光胶片和增感屏在 −70 ℃曝光,如果放射自显影的背景过高,可以将 pH 8.0 的 Tris-HCl 改为 pH 6.7 的 Tris-HCl 进行最后的洗涤,以减少非特异反应。

五、激光共聚焦显微技术

激光共聚焦显微镜(laser scanning confocal microscopy,LSCM)又称黏附式细胞仪,是采用激光作为光源,在传统光学显微镜基础上采用共轭聚焦原理和装置,并利用计算机对所观测的对象进行数字图像处理的一套观察、分析和输出系统。

LSCM 是由显微镜光学系统、激光光源、扫描器及检测和处理系统 4 部分组成(图 4-7),激光扫描束通过光栅针孔形成点光源,经过分光镜反射至物镜,聚焦在标本上并进行扫描。样品收到激发后,发出的荧光回到分光镜聚焦在探测针孔,最后经过光电倍增管转化为电信号传输到计算机上显示为清晰的焦平面图像。激发光通过光栅孔针聚焦在样品上,荧光通过物镜聚焦在针孔上,此过程中形成两次聚焦,故称为共聚焦显微镜。

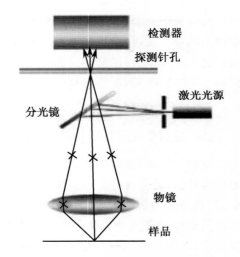

图 4-7　激光共聚焦扫描显微镜的
光学结构和原理(佘锐萍)

LSCM 技术具有高灵敏度、高分辨率等特点,可进行定性、定量、定时、定位的分析测量。在形态学观察方面,可对标本各层分别成像,对活细胞行无损伤的"光学切片",有"显微 CT"之称。LSCM 在抗原表达、荧光定位、样本内部结构等形态观察方面有着很大的优势。LSCM 可以得到细胞或组织内部微细结构的荧光图像,较传统显微镜有着独特的优势。只要目的结构是用荧光探针标记的,都可以用 LSCM 观察。利用激光扫描共聚焦显微技术可以在细胞原位用特异的荧光标记探针标记出核酸、蛋白质、多肽、酶、激素、磷脂、多糖、受体等分子,实现上述分子的定位、定性及定量检测,也可以观察细胞及亚细胞形态结构。不但可以对单标记或双标记细胞及组织标本的共聚焦荧光进行定量分析,还可以利用沿纵轴上移动标本进行多个光学切片的叠加形成组织或细胞中荧光标记结构的总体图像,以显示荧光在形态结构上的精确定位。因此,可以用于观察细胞、切片和一些表面不平的标本,同时可以做三维图像重建和标记强度的半定量分析(彩图 10、彩图 11)。除上述功能外,它还具有对活细胞的形态、结构、离子等进行定性定量定时观察及测定,例如对活细胞长时间观察、细胞内酸碱度及细胞离子的定量测定、荧光漂白恢复等功能。因此,激光扫描共聚焦显微技术将是未来包括病理学在内的医学研究中十分有效和有使用价值的、重要的研究手段之一。

LSCM 观察的样品类型主要有活细胞、细胞爬片和组织切片,与荧光显微镜样品制备基本相同,不同的是组织可切为厚切片,实现三维重建图像。由于 LSCM 通常为倒置式,载玻片上附着的盖玻片面积要大,上机观察时盖玻片应朝下放置在载物台上。样品制备的基本要求如下。

(1)样品要有荧光或所要观测的结构可通过反射光或其他方式分辨。

(2)比较好地保持原有的结构或特性(固定、活体培养)。

(3)制备过程中不要引入干扰荧光或淬灭荧光的物质。

(4)盛放样品的容器干净,无划痕,不能太厚。

第五节 基因诊断与 PCR 技术

基因诊断是利用分子生物学技术在核酸(DNA 或 RNA)水平上分析、鉴定特定的核酸。目前用于基因诊断的方法很多,主要包括,核酸探针分子杂交技术、聚合酶链式反应(polymerase chain reaction,PCR)技术及 RNA 酶 A 错配消除技术等。

一、核酸分子杂交技术及应用

核酸分子杂交技术是现代分子生物学和基因工程的一项最基本的和重要的技术之一,被日益广泛地应用于病理学和医学研究中,并已显示出重要的应用价值和广泛的应用前景。

核酸杂交技术(nucleic acid hybridization techniques)是分子生物学研究的重要方法之一,根据核酸碱基互补的原则,用特定已知顺序的核酸片段(DNA 或 RNA)作为探针,经特殊的标记后,与提纯或组织细胞中的靶核酸进行杂交,对其进行检测。按照杂交体系中介质的变化可分为液相杂交和固相杂交两种。液相杂交是指杂交过程及杂交的核酸均在液体之中,杂交后测定其放射性强度或经特殊的核酸酶消化处理后行电泳分离等。液相杂交在病理诊断中应用较少。固相杂交是将被检测核酸经过电泳分离后转移到固相介质上(主要为硝酸纤维素膜或尼龙膜),或将核酸直接点于膜上,甚至直接应用于组织切片、细胞涂片与特殊标记之核酸探针杂交对特异核酸片段进行推测。根据被测核酸与探针的类型,核酸杂交又可分为 DNA-DNA,DNA-RNA 和 RNA-RNA 杂交。通常将 DNA 电泳分离后转移至滤膜上再与探针所进行的杂交称之为 Southern 转印(southern blot)杂交。将 RNA 电泳后转移至滤膜上再进行的杂交称之为 Northern 转印(northern blot)杂交。将 DNA 或 RNA 用斑点固定于滤膜上的杂交称之为斑点吸印(Dot blot)杂交。原位杂交(in situ hybridization)则是指探针与组织中核酸进行杂交的方法,因该法与前述几种方法不同,不需经过对组织细胞内核酸进行抽提处理,直接在细胞内核酸原有位置杂交,因而称之为核酸的原位杂交。这一方法病理学中应用较广。

核酸分子杂交技术是现代分子生物学和基因工程的一项最基本和重要的技术之一,被日益广泛地应用于病理学和医学研究中,并已显示出重要的应用价值和广泛的应用前景。

(一) 核酸分子杂交的基本原理

DNA 的双螺旋结构在一定条件下,碱基间相互配对的氢键断裂,形成单链 DNA 分子,称为 DNA 变性(denaturation)。使 DNA 变性的方法有 3 种,即热变性、碱变性、化学试剂变性等。变性 DNA 的两条互补单链,在适当条件下可按碱基配对的原则重新缔合形成双链,这一过程称为复性(renaturation)或退火。复性并不是变性反应的一个简单逆反应过程,它的第一步是两条 DNA 单链随机碰撞形成局部双链,如果这种局部双链周围的碱基不能配对则会重新解离,继续随机碰撞。一旦找到了正确的互补链,就形成完整的双链分子。因此,将不同来源的 DNA 放在同一容器中,经变性后再让其复性,若异源 DNA 之间在某些区域有相同的序列,会形成杂交的 DNA 分子。核酸分子杂交(hybridization)就是利用核酸的变性、复性、以及碱基配对的基本原理进行的。

(二) 核酸分子杂交的基本方法

核酸分子杂交首先要选择适当的探针,然后将探针加到样品中杂交,最后进行杂交信号检测。

1. 核酸探针

探针(probe)指用来检测某一特定核苷酸序列或基因序列的 DNA 片段或 RNA 片段。但要使探针能实际应用,必须使 DNA 或 RNA 分子带上可识别的信号标志。

(1) 探针的种类及其选择　根据核酸分子探针的来源及其性质可分为基因组 DNA 探针、cDNA 探针、RNA 探针及人工合成的寡核苷酸探针等。但值得注意的是,并不是任意一段核酸片段均可作为探针。选择探针最基本的原则是应具有高度特异性和来源方便等。

①基因组 DNA 探针。克隆化的各种基因片段是最广泛采用的核酸探针。但在选择此类探针时,要特别注意真核生物基因组中存在的高度重复序列。尽可能使用外显子作为探针,而避免使用内含子及其他非编码序列。

②cDNA 探针。cDNA 由于不存在内含子及其他高度重复序列,因此是一种较为理想的核酸探针,但须注意其中的 Poly dT 产生的非特异性杂交。

③RNA 探针。mRNA 作为核酸分子杂交的探针是较为理想的。但大多数 mRNA 中存在多聚腺苷酸尾,有时会影响其杂交的特异性,且 RNA 极易被环境中大量存在的核酸酶所降解,不易操作。因此大多是通过 cDNA 克隆,制成 cDNA 探针。

④寡核苷酸探针。近年来,由于 DNA 合成的便捷,采用人工合成的寡核苷酸片段作为分子杂交的探针被越来越广泛地使用。其优点是可根据需要合成相应的序列,避免了天然核酸探针中存在的高度重复序列所带来的不利影响;由于大多数寡核苷酸探针长度只有 15～30 bp,其中即使有一个碱基不配对也会显著影响其解链温度,因此它特别适合于基因点突变的检测。但需要注意的是,短寡核苷酸探针所带的标记物较少,特别是非放射性标记时,其灵敏度较低。

（2）标记物及其选择 目前常见的核酸标记物是放射性核素和非放射性标记物。

①放射性核素。这是目前应用最多的一类探针标记物。其优点是灵敏度高，可检测到$10^{-14} \sim 10^{-18}$ g 的物质；对各种酶促反应无影响，不会影响碱基配对的特异性、稳定性和杂交性质；具极高的特异性，因此出现的假阳性率极低。其主要缺点是易造成放射性污染。常用于标记核酸探针的放射性核素有^{32}P、^{3}H、^{35}S、^{125}I。

②非放射性标记物。主要有以下 5 类。半抗原，目前使用较多的是生物素和地高辛；配体，生物素还是一种生物素蛋白（卵蛋白，avidin）和链霉菌生物素蛋白（streptavidine）的配体，可利用亲和法进行检测；荧光素，如 FITC（iosthiocyanate）、罗丹明（rhodamine）类等，可以被紫外线激发出荧光进行观察；还有一些标记物可与另一些物质反应而产生化学发光现象，可以像放射性核素一样直接对 X 线胶片进行曝光，如 Lightsmith TM Ⅱ Luminescence Engineering System 及 ECL；光密度或电子密度标记物，如金、银等，适用于细胞原位杂交。

2. 核酸探针的标记

（1）放射性标记

①DNA 的缺口平移标记。本法反应体系中含有以下主要成分：DNA 酶 Ⅰ，大肠杆菌聚合酶，3 种三磷酸脱氧核苷酸和一种同位素标记的核苷酸，待标记 DNA 片段。利用 DNA 酶 Ⅰ在 DNA 两条链的一条链上随机切开若干个缺口而不是切断 DNA，然后用大肠杆菌聚合酶 Ⅰ在切口 3′-OH 端逐个加入新的核苷酸，同时由于该酶具有 5′-3′外切酶的活性，它同时切除 5′端游离的核苷酸，这样 3′端核苷酸的加入和 5′端核苷酸的切除同时进行，导致切口沿着 DNA链移动。新链核苷酸的合成是以另一条互补链为模板，按碱基互补的原则合成，所以新旧链的核苷酸序列完全相同。

②随机引物标记法。在双股 DNA 片段经变性形成单链 DNA 分子中加入六聚核苷酸的随机引物，在较低的退火温度下，随机引物结合在单链 DNA 分子上，然后在反应体系中加入DNA 聚合酶 Ⅰ Klenow 片段。此酶能从引物的 3′端开始，按 5′-3′方向，遵循碱基互补的原则合成一新的 DNA 链。由于反应体系中 4 种单核苷酸有一种带有放射性同位素标记，在合成反应中掺入到新合成的 DNA 分子中，使新合成的 DNA 带有放射性同位素。

③DNA 末端标记。有 DNA 的 5′末端标记和 DNA 的 3′末端标记，前者常用来标记人工合成的寡核苷酸探针，后者则常用来标记限制性内切酶酶切后的 DNA 分子。

（2）非同位素标记 用于非放射性的标记物应该具有抗热性，对组织细胞无特异性亲和性，分子量小，对探针杂交干扰小以及不影响 DNA 的三维结构。此法标记的探针无放射性污染，探针制备后可以保存，操作较为方便，但灵敏度和特异性不如放射性同位素。

3. 杂交信号的检测

（1）放射自显影 利用放射线在 X 线胶片上的成影作用来检测杂交信号，称放射自显影，主要用于放射性核素和 ECL 的检测。

（2）非放射性核素探针的检测 除酶直接标记的探针外，其他非放射性标记物并不能被直接检测，均需经两步反应。第一步为偶联反应，即将非放射性标记物与检测系统偶联；第二步为显色反应。①偶联反应：大多数非放射性标记物是半抗原，可以通过抗原-抗体免疫反应系统与显色体系偶联。其他非放射性标记物如生物素，作为抗生物素蛋白的配体，则可通过亲和法进行检测。根据偶联反应的不同，可分为直接免疫法、间接免疫法、直接亲和法、间接亲和法和间接免疫-亲和法。②显色反应有，酶法检测，常用的酶是碱性磷酸酶和辣根过氧化物酶;荧光检测,主要使用于原位杂交检测。在目前应用的荧光素中,FITC 是应用最广的;化学发光法,目前最有前途的是辣根过氧化物酶催化鲁米诺伴随的发光反应。另外,ECL 也是很有前途的化学发光物;电子密度标记,利用重金属的高电子密度,在电子显微镜下进行检测。

(三) 核酸分子杂交的基本类型及在病理学中的应用

1. Southern 印迹杂交

对基因组 DNA 的分析及基因突变通常用 Southern 印迹法(southern blotting),即用一种或多种限制性酶消化基因组 DNA,通过琼脂糖凝胶电泳按大小分离所得片段,随后使 DNA 在原位发生变性,并从凝胶转移到一固相支持体(通常是硝酸纤维素膜或尼龙膜)上。转移至固相支持体的过程中,DNA 片段的相对位置保持不变,用标记的 DNA 或 RNA 探针与固着于滤膜上的 DNA 杂交,经放射自显影或显色确定与探针互补的电泳条带的位置。适合分析动物基因组 DNA 的限制酶切消化物和基因突变。对于一些遗传性疾病的诊断,尤其是单基因遗传病的诊断有其独到的作用,已被广泛应用于基因诊断中。Southern 印迹法一般需经过电泳、变性、转膜、预杂交、杂交、显影(显色)等步骤。

2. Northern 印迹杂交

从组织中提取的总 RNA(total RNA,TRNA)分子在变性琼脂糖凝胶中,可按其大小不同而相互分开,随后将变性 RNA 转移到固相支持物上(通常为硝酸纤维素膜或尼龙膜)。通常认为变性 RNA 吸附至硝酸纤维素滤膜是一种非共价结合,这种结合基本上为不可逆过程。因此有可能在确保滤膜所结合的核酸分子不发生明显丢失的情况下,用一系列探针连续与固定在滤膜上的 RNA 进行杂交。用放射性或非放射性 DNA 或 RNA 探针进行杂交和显影,以对待测的 RNA 分子进行作图。此法的原理基本同 Southern 印迹杂交,只是 RNA 在操作过程中应特别小心,以防其被环境中的 RNA 酶降解。①通常用 RNA 酶的抑制剂焦碳酸二乙酯(DEPC)的水溶液处理所有可能接触 RNA 样品的容器,所有溶液的配制也都需要用 DEPC 处理的水;②RNA 电泳需在变性凝胶上进行,通常用甲醛变性胶;③RNA 电泳前必须经甲醛处理;④电泳须在甲醛凝胶电泳缓冲液中进行。

Northern 印迹杂交(northern blotting)可以测定 TRNA 或 poly(A)RNA 样品中特定 mRNA 分子的大小和丰度,结合相对定量分析,可对各种组织和体外培养细胞的基因表达水平进行定量检测。

3. 核酸原位杂交

核酸原位杂交(nucleic acid hybridization in situ)是用已知序列核酸作为探针与细胞或组织切片中核酸进行杂交对其实行检测的方法,是将组织化学与分子生物学技术相结合来检测和定位核酸的技术。适用于石蜡包埋组织切片、冰冻组织切片、细胞涂片、培养细胞爬片等。

原位杂交可应用于以下几方面。①细胞特异性 mRNA 转录的定位,如基因图谱、基因表达和基因组进化的研究。②感染组织中病毒 DNA/RNA 的检测和定位。③癌基因、抑癌基因及各种功能基因在转录水平的表达及其变化的检测。④基因在染色体上的定位。⑤检测染色体的变化,如染色体数量异常、染色体易位等。⑥分裂间期细胞遗传学的研究,如遗传病基因携带者的确定,某些肿瘤的诊断和生物学剂量测定等。

在 Southern 与 Northern 杂交中,必须先将组织细胞匀浆,抽提出其中的核酸,经电泳等方式分离其片段后再与探针进行杂交。这些方法对于散在于组织中单个细胞如浸润于组织中的肿瘤细胞、淋巴细胞及内皮细胞等功能状态的研究非常困难,不能真正反映出活体状态下细胞间的相互关系。而原位杂交则有这种优越性。原位杂交的敏感性很高,能检测到组织细胞中 $200\sim300$ 个拷贝(copy)以上的核酸序列,因此对于组织细胞中各种基因的表达、定位、病原微生物的检测等极为精确方便。原位杂交可用组织的石蜡切片、冰冻切片、细胞印片、体液及分泌物细胞涂片及培养细胞涂片等多种材料,因此适于临床病理诊断及研究工作。组织细胞的固定方法对于原位杂交结果有极为重要影响,是原位杂交的关键步骤之一。可用于原位杂交所用组织的固定液有 4% 甲醛、4% 多聚甲醛、$3:1$ 乙醇/冰醋酸 2.5% 戊二醛等,而高酸性及含有重金属离子的固定液如 Zenkcr 固定液,Bouin 固定液及丙酮等效果较差。良好的固定液标准为能很好地保持组织细胞的形态结构,对于核酸无抽提、降解作用,并且保证杂交过程中探针与靶核酸易于结合。上述固定液中以 4% 甲醛及 4% 多聚甲醛效果较好,可用于 DNA、RNA 杂交之中。组织的固定要及时,体积则从直径 $2\sim4$ mm 为好,因此各种内窥镜活检、穿刺活检及皮肤活检的组织进行原位杂交时效果较好,手术切除的大标本则效果较差。有些组织如胰腺含有多种酶类如核酸酶、蛋白酶、脂酶、淀粉酶等,手术过程中的挤压、血管离断后缺氧导致细胞破裂,各种酶释放产生自溶、自身消化等,常是导致试验失败的原因之一。此外选择的组织应远离组织坏死区域如溃疡、脓肿等。因这些地方组织中核酸酶含量很高,使组织细胞内核酸降解,不能真正反映出病变的实际状态。

原位杂交中所应用的探针有许多种,可以是双链基因组 DNA(genomic DNA)、互补 DNA(complementary DNA,cDNA)、RNA 或人工合成之寡核苷酸。用来检测基因表达时以 cDNA 探针为佳,因基因组 DNA 中含有内含子(intron)当用于核酸原位杂交检测基因表达时,能与组织中 DNA 杂交,使本底增加。应用 cDNA 探针时,应选择回收插入片段,而将载体等部分去除。应用单链 RNA 探针时,由于没有双链 DNA 分子内双链之间的自身杂交,且杂交后可用 RNA 酶消化未杂交的探针及其他 RNA,增加了特异性、敏感性,本底也常较低。近年来,应用较多的探针为人工合成之寡核苷酸探针,由于其片段短常为 $20\sim30$ 个碱基,分子量也很小,在组织中的穿透能力也很强,与基因组 DNA、cDNA 相比,在同样浓度含量下其克分子浓度却很高,特别在没有 cDNA 的情况下,可以根据已知的蛋白质分子中的氨基酸顺序,按照密码子的排列规则进行人工合成,因此应用时极为方便。

探针的标记物有放射性同位素及非同位素两大类。所用的同位素有 ^{32}P、^{33}P、^{35}S、^{14}C、^{125}I 及 ^{3}H 等。^{32}P 的 β 粒子能量大,穿透力强、曝光时间短、本底高,同时其半衰期短只有 14.3 d,给应用带来困难。^{3}H 和 ^{14}C 能量很低,曝光时间长要几周或几个月,但分辨率高,本底低。^{33}P 和 ^{35}S 介于 ^{32}P 和 ^{3}H 之间,^{33}P 的半衰期 28 d,^{35}S 为 87.4 d,应用时曝光时间一般为 $2\sim7$ d,本底较低是首选的同位素标记。

由于同位素有半衰期,放射性污染,并要经过放射自显影等,操作过程复杂,不易监测等缺点,现原位杂交中多用非同位素标记,其中常用的有生物素、地高辛素(digoxigenin)、与 5-溴脱氧尿嘧啶核苷、荧光素、抗双链 DNA、RNA-DNA 及 RNA-RNA 抗体等,此外还有二硝基苯酚(dinitrophenyl)、醋酸汞、四甲基罗丹明等标记。非同位素标记操作方便,标记好的探针可以长期保存,随时应用,并且所用于实验中的时间短(一般从杂交到取得结果为 $1\sim2$ d),可以在显微镜下监测显色效果,无放射性损害,对环境污染小等优点,近年来得到大力发展,目前许多原位杂交试剂盒多为生物素或地高辛素标记,为原位杂交的推广应用创造了条件。

原位杂交的特异性及敏感性均很高,但其操作过程复杂,要经过固定、蛋白酶消化、杂交、杂交后冲洗、显色等多种步骤,其中任何一环节操作不当均可导致试验失败,因此必须有确切的对照,其中包括同位素标记的核乳胶和放射自显影系统及非同位素标记显色系统的对照,阳性对照的选择可以用 Northern 或 Southern 杂交阳性的组织或免疫组化染色阳性的组织。阴性对照可用其他无关探针杂交或于杂交前用 RNA 酶或 DNA 酶消化切片后再杂交等。

近年来核酸原位杂交有了广泛的应用,其中包括检测肿瘤组织中癌基因、抗癌基因的表达,以判定其预后;检测胚胎组织中特异基因表达对组织发育的影响,以特异的病原微生物核酸片段为探针检测其相应顺序在某些疾病中的作用机制,如宫颈癌、尖锐湿疣等组织中人乳头瘤病毒(HPV)的研究、淋巴瘤组织中 EB 病毒、肝炎、肝癌中人乙型肝炎病毒的研究等,为分子病理学研究开辟了新的途径,必将对病理学的发展起到极大的推动作用。

原位杂交可与免疫组织化学联合应用,**具体方法步骤见附录五。**

二、聚合酶链反应(PCR 技术)

聚合酶链反应(polymerase chain reaction,PCR)是 20 世纪 80 年代中期发展起来的分子生物学方法,其基本原理是用两段人工合成的寡核苷酸片段为引物,以双链或单链 DNA 为模板,在 DNA 聚合酶作用下经过反复多个循环的变性、复性、延伸等,对特定的核酸片段进行扩增。这一方法稳定,能在很短的时间内扩增得到大量所需要的特异性 DNA 片段。理论上,扩增的片段以 2^n 的方式倍增(n 为循环次数),因此这一方法是快速扩增 DNA 的最有效方法之一。所用的模板 DNA 可以是提取自新鲜组织,也可以从甲醛固定、石蜡包埋的组织中提取。因此对于病理中回顾性研究有重要作用。PCR 可进行多种目的的研究,其中包括基因突变、基因缺失、基因表达及重排、组织中病原微生物检测、性别鉴定和肿瘤化疗效果监测等。

(一) PCR 技术的种类及其应用

1. 反向 PCR

常规 PCR 是扩增两引物之间的 DNA 片段,反向 PCR(inverse PCR)是用反向的引物来扩增已知 DNA 片段两翼以外的 DNA 片段。一般先用限制性内切酶消化 DNA(目的片段不存在该酶的酶切位点),得出的片段应短于 2～3 kb,再用连接酶使带有黏性末端的靶片段自身环化,最后用一对反向引物进行 PCR,得到的线性 DNA 就含有两引物"外侧"的未知序列。该技术可对邻接已知 DNA 片段的未知序列扩增后进行分析,常用分析基因文库的插入 DNA 片段。

2. 不对称 PCR

不对称 PCR(dissynunetric PCR)的基本原理是采用不等量的一对引物产生大量的单链 DNA(ssDNA)。这两条引物分别称为限制性引物和非限制性引物,其最佳比例一般是(50～100):1,关键是限制性引物的绝对量。限制性引物太多太少,均不利于制备 ssDNA。也可用 PCR 扩增目的双链 DNA (dsDNA)片段,再以 dsDNA 作模板,只用其中一种引物进行单引物第二次 PCR 来制备 ssDNA。不对称 PCR 主要为测序制备 ssDNA,其优点是不必在测序之前除去剩余引物,因为量很少的限制性引物已经耗尽。多数学者认为,用 cDNA 经不对称 PCR 进行 DNA 序列分析是研究真核 DNA 外显子的好方法。

3. 差异 PCR

差异 PCR(differential PCR)是在同一反应体系内对两个以上不同目的 DNA 片段进行 PCR 扩增,在一定的循环次数内,将扩增后的 DNA 片段用聚丙烯酰胺凝胶电泳,经溴化乙锭染色后在光密度仪下分析,可获得多种目的 DNA 片段扩增后的拷贝数量的相对值。在扩增体系中要有一个在遗传结构上稳定的单拷贝 DNA 片段作为参照物,以便检测其他 DNA 片段在拷贝数量上的变化。

4. 定量 PCR

用 PCR 作靶 DNA 的定量需用同位素标记的探针与电泳分离后的 PCR 扩增产物进行杂交,根据放射自显影后底片曝光强弱可对模板 DNA 进行定量分析,此时要选择在基因组中含量已经清楚的 DNA 片段作为参照物。PCR 也可作 mRNA 的定量。但因 mRNA 定量经两个酶(逆转录酶和 TaqDNA 聚合酶)催化的反应产物来判断的,因而影响因素较多。1989 年 Wang 等报道了低丰度 mRNA 绝对定量方法。利用表达水平已知的 mRNA 作为对照(其片段长短不同,便于 PCR 扩增后产物的分离),在同一体系中用相同的由"P 标记的引物与待测 mRNA 一同进行逆转录 PCR,扩增产物电泳后,分别测定两种产物的放射性强度,由预先制备的标准曲线推算出每个样本中 mRNA 的量。Gilliland 等的研究表明,在 1 ng 总 RNA 中可对小于 1 pg 的特定 mRNA 进行定量。定量 PCR(quantitative PCR)方法在肿瘤、代谢失调性疾病、基因表达调控等研究中均有重要应用价值。

5. 竞争性 PCR

常规 PCR 用一对引物,竞争性 PCR 则将两对引物对 A、B 混合在一起进行 PCR 反应,一对引物 A 与正常 DNA 序列互补,另一对 B 只与有突变(单个或几个碱基突变)的 DNA 序列互补。扣在第一个反应管中,只有引物对 A 被 32P 标记,第二个反应管中则引物对 B 被 32P 标记。在 PCR 产物中,只有与引物完全互补的 DNA 才能被扩增得到很强的放射性标记。应用此法较容易检出目的基因中是否存在的突变。

6. 筑巢式 PCR

筑巢式 PCR(nested-PCR)是在一个反应体系中同时加入两对套叠的 PCR 引物,或先用一对外引物扩增,其产物再用一对内引物扩增从而获得最大的扩增效率。一般认为,要想获得高纯度特异性 PCR 产物,最好用两对套叠的引物,这样得到的扩增 DNA 产物比一对引物扩增的特异性强。

7. 加端 PCR

设计加端 PCR(add-on PCR)的引物时,除与模板配对的那一部分序列外再加上若干碱基,使扩增产物的末端加上额外一段 DNA,如加上一个限制酶的识别顺序或是特定功能的 DNA 片段。例如,可在结构基因序列前加上噬菌体 T7 的启动子序列。此类扩增产物可作为进一步研究时,有某个限制性酶切位点或 T7 启动子序列被利用。

8. 重组 PCR

使两个不相邻的 DNA 片段重组在一起的 PCR 称为重组 PCR(recombinant PCR)。其基本过程是分别设计两对引物 A/B 和 B′/C,用来扩增不相邻的 DNA 片段并将之重组在一起。为此就要在引物 B 和 B′中下功夫,即有意在引物 B 和 B′的 5′端上加入突变碱基或准备插入的序列,也可以只加入 B 和 B′互补的一段序列。若先用这两对引物分别扩增 DNA 片段,纯化 PCR 产物,再将两次的 FCR 产物加在一起,变性,复性。这时就会有一部分的 PCR 产物只在

B 和 B′引物互补处结合成长的 DNA 链（在引物 B 和 B′的 5′端外都是单链 DNA）。其次以这混合后复性的 DNA 为模板，加入 A，C 两条引物，经常规 PCR 程序加 A. DNA 连接酶后，其扩增产物就相当于将 A/B 对和 B′/C′对引物的扩增产物接合在一起，其接合处尚带有点突变或插入序列或缺失了某一段序列。应用此法已在编码大鼠肝微粒体 P450 蛋白质 N 端 20 个氨基酸残基的长序列内引入碱基，造成插入或删掉某些碱基缺失等突变，用于研究这些改变对 P450 活性的影响。

9. RNA 一步法扩增

常规 RNA 扩增（即反转录 PCR，RT-PCR）包括 2 个步骤：①在 3′端引物的介导和逆转录酶的催化下，合成 RNA 的互补链 cDNA；②加热后 cDNA 与 RNA 链解离，然后与 5′端引物退火，并由 DNA 聚合酶催化引物延伸生成双链 DNA，最后再扩增 DNA。该技术对基因表达的研究和 RNA 病毒的检测具有重要意义。

一步法扩增是为了检测低丰度 mRNA 的转录水平，在同一体系中加入逆转录酶、引物、TaqDNA 聚合酶、4 种 dNTP 直接进行 mRNA 反转录与 PCR 扩增。20 世纪 70 年代已发现 TaqDNA 聚合酶不但具有 DNA 多聚酶的作用，而且还具有反转录酶活性，可利用其双重活性在同一体系中直接以 mRNA 为模板进行反转录和其后的 PCR 扩增，从而使 RT-PCR 步骤更为简化，所需样品量减少到最低限度，对临床小样品的检测非常有利占用一步法扩增可检测出总 RNA 中小于 1ng 的低丰度 mRNA。该法还可用于低丰度 mRNA 的 eDNA 文库的构建及克隆，并可与 TaqDNA 聚合酶的测序技术相结合，使得反转录、扩增与测序在一个试管中进行。

10. 彩色 PCR

利用荧光素等对 PCR 引物 5′端进行标记，用来检测目的基因是否存在。与常规 PCR 相比，它更为直观，又可省去了限制性内切酶消化及分子杂交等烦琐步骤，而且一次可以同时分析多个序列，因而特别适合大量临床标本的基因诊断。目前该法只对 PCR 产物进行定性鉴定。荧光染料了 OE 和 FAM 呈绿色荧光；TAMRA 呈红色荧光；COI～呈蓝色荧光。不同荧光标记的引物同时参加反应，扩增后的目的基因会分别带有引物 5′端的染料，通过电泳或离心沉淀，肉眼就可根据不同荧光判断目标基因是否存在。检测多种点突变时，可用更多的色彩，如多突变点的遗传病、几种可疑病毒感染、HLA 位点分析都可用彩色 PCR 同时检测多个位点。

11. 原位 PCR

原位 PCR（in situ PCR）指在组织切片玻片上进行的 PCR 反应，其引物可用生物素、地高辛或荧光素等标记，根据特定颜色或荧光出现的部位进行亚细胞定位。

病理诊断学中应用的主要有逆转录 PCR（reverse transcription PCR）、原位 PCR（PCR in situ）及以甲醛固定、石蜡包埋组织或新鲜组织细胞进行的普通 PCR。逆转录 PCR 多用于观察组织、细胞中的特定基因的表达，常用新鲜组织或细胞提取之 RNA 经逆转录酶作用后合成 cDNA，再以此 cDNA 为模板进行 PCR。这一方法的敏感性很高，除可进行基因表达研究外，还能用于建立 cDNA 文库、RNA 测序等其他目的的研究。原位 PCR 则是将组织切片或细胞涂片中的核酸（DNA 或 RNA 均可以）片段在原位进行扩增，在扩增中掺入示踪剂，或扩增后再行原位杂交等，以观察基因表达等，但原位 PCR 应用最广的还是用来检测组织或细胞中的病原微生物如口蹄疫病毒、禽流感病毒、HBV、EBV、HIV 及细菌等，其敏感性比原位杂交有明显提高。

病理诊断中最常用的还是用甲醛固定、石蜡包埋组织提取 DNA 进行体外特异片段的扩增。由于这种方法常用来进行回顾性研究,因此在存档的石蜡块中要首先挑选出适当的组织块,先行 HE 染色后于光镜下标记出所需要的组织的部位,要将组织坏死、自溶或无关的纤维间质等去除。然后根据组织体积的大小切 5～40 μm 厚的切片。每一组织块之间要防止交叉污染,最好方法是更换切片刀,或用紫外线照射法在切完每一组织块后照射 5～10 min。组织片经脱蜡后,要先经蛋白酶 K 消化,应用的蛋白酶 K 质量要纯,不能混有 DNA 酶,应用前必须进行鉴定。蛋白酶 K 的浓度与消化时间则根据其酶活性及组织的不同而有所差异,浓度可在 10～100 μg/mL,时间可为数小时到数天,以组织片基本上消化成棉絮状为标准,然后再用酚抽提,乙醇沉淀干燥等处理后即可进行 PCR 扩增。扩增前可取少量 DNA 作琼脂糖凝胶电泳,检查所提之 DNA 的质量及片段长度,通常为 500 至数千个碱基对,如片段过短则说明核酸降解,此时扩增效果很差。扩增后的 DNA 则根据其检测对象及目的不同而有区别,用于检测病原微生物的 PCR,于扩增后可经电泳检查有无特异性扩增片段,必要时可转移至滤膜上行 Southern 杂交;用于检测基因突变、基因重排的 PCR 则可进行斑点杂交筛选、PCR 产物限制性内切酶消化、PCR 产物测序等。

PCR 在病理学中已得到了广泛的应用,特别对于病原微生物的检测等其敏感性有很大提高,在特殊染色、免疫组化或核酸原位杂交阴性的组织中 PCR 检测可获阳性结果,如结核杆菌、HPV、HBV、HCV、EBV、CMV 等。根据 PCR 测序等方法可以进行肿瘤如胰腺癌、淋巴瘤、淋巴细胞白血病的诊断,并可用于人类肿瘤的化疗结果及有无复发的监测;对于某些单基因遗传病如血友病、地中海贫血、囊性纤维化、进行性肌营养不良症等均可行基因诊断;对于肿瘤中癌基因与抗癌基因如视网膜母细胞瘤基因(Rb 基因)、Wilms 瘤基因(WTl)及 $p53$ 基因的突变、缺失研究有极为重要意义。

PCR 技术自 1985 年问世以来,以其简便、快捷、灵敏、特异性高等特点受到分子生物学家们的重视。该技术在生命科学领域中已得到广泛的应用,如可以做基因定点突变研究基因变异对基因生物学活性的影响,做 DNA 序列分析等,也广泛应用于传染病和遗传病的诊断,癌相关基因的检测等。应用范围包括如下几方面。

第一,应用于基础研究,如用以分离目的基因片段;用于构建突变体或重组体。

第二,应用于病原体的检测,PCR 技术可用于包括各种病毒菌、细菌、螺旋体、支原体、衣原体、原虫等在内的各种病原体引起感染的早期诊断。

第三,应用于遗传病的诊断,如地中海贫血、甲型血友病的诊断、检测载脂蛋白 E(apo-E)多态性的分析以及遗传病的产前诊断。

第四,应用于恶性肿瘤的诊断,细胞的遗传物质发生改变,导致细胞无限制生长,是恶性肿瘤的发生、发展的基础。癌基因活化或抑癌基因失活常由于点突变、缺失、插入或易位等原因,可通过 PCR-ASO,PCR-RFLP 等方法进行检测诊断。

第五,应用于器官移植,如测定组织相容性系统、HLA 配型与器官库的建立。

第六,应用于亲子鉴定和法医个人认定。

(二) PCR 扩增的基本方法

PCR 技术基本操作过程可简述如下:在微量离心管中加入适量的缓冲液、微量模板

DNA、合成 DNA 的 4 种脱氧单核苷酸(dNTP)原料、耐热 DNA 聚合酶（Taq）、Mg^{2+} 和 2 个人工合成的寡核苷酸引物。将上述溶液加热至 94 ℃，使模板 DNA 的双链分开成为两条单链；再将温度降至 55 ℃左右，使引物与模板 DNA 互相退火，形成部分的双链；最后将溶液温度升至 72 ℃左右，在 Taq DNA 聚合酶的作用下，以 dNTP 为原料，以结合引物的 3′-末端为复制的起点进行延伸。模板 DNA 的一条双链，复制成为两条双链。按上述方法重复反应步骤，即高温变性、低温退火和中温延伸 3 个阶段。每一次循环理论上可使两条引物间的 DNA 片段的拷贝数扩增 1 倍。一般样品是经过 30 次循环，最终可使目的 DNA 片段放大数十万倍甚至数百万倍。将扩增产物进行电泳，经溴化乙啶染色，在紫外灯照射下肉眼能见到扩增的 DNA 条带。

1. PCR 扩增模板的制备

PCR 技术对模板 DNA 的质量和数量要求相对较低，商品化的 PCR 试剂盒均配有使细胞裂解出 DNA 的裂解缓冲液，实验时可根据说明书进行系统操作，提取模板。

2. PCR 技术操作

(1)在 Eppendorf 管中，总体积 100 μL 反应液含有下列物质：模板 DNA(0.05～0.1 μg)，20 pmol 引物，10 mmol/L Tris·HCl(pH 8.3)，1.5 mmol/L $MgCl_2$，50 mmol/L KCl，200 μmol/L dNTP。混匀后，加 75 μL 石蜡油。94 ℃，5 min，加 TaqDNA 聚合酶 2 U 于石蜡油层下。

(2) 按下列程序循环 30～40 次。①变性：94 ℃，30 s；②退火：55 ℃，30 s；③引物延伸：72 ℃，60 s。最后一次循环的延伸在 72 ℃，5 min，终止反应。

(三) PCR 技术常见问题及处理

(1)有非特异产物的形成或产物在电泳凝胶中呈涂布状时，可考虑下列因素。①调整引物、TaqDNA 聚合酶或模板用量。②提高退火温度，缩短退火时间。③减少 Mg^{2+} 用量。④减少热循环次数。

(2)没有产物形成时，需考虑以下因素。①引物的组成是否正确，有无二级结构或引物二聚体的形成。②循环温度，特别是变性温度是否准确，有些 PCR 仪的指示温度与实际温度不符。③反应系统有蛋白酶或核酸酶的存在，使 TaqDNA 聚合酶、模板或产物降解，可预先在 94 ℃处理反应系统使其灭活。④TaqDNA 聚合酶的活性是否正常。⑤某些来源的 DNA，可能含有较难去除的蛋白质成分，可抑制 PCR 系统。用蛋白酶 K 重新处理 DNA 标本可获得预期效果。

(3)有引物二聚体的形成时，应注意以下几方面。①检查引物的序列，特别在两个引物的 3′端是否有互补区。②调整引物与模板浓度，使模板比例增高。③提高退火温度。④减少热循环次数。

(4)假阳性结果的预防需注意以下几方面。①PCR 前后用的试剂器材分室存放，前后工序分室操作。②凡能耐高温的器材，试剂均经高压灭菌。③吸管、离心管等器材一次性使用。④实验人员戴一次性手套操作。⑤试剂应分装加盖贮存，开盖前先离心，防止喷溅。⑥加样室及所有用具均用短波紫外线照射。

PCR 的具体方法步骤见附录六。

三、连接酶链反应(LCR)及应用

连接酶链反应(ligase chain reaction,LCR)是在 DNA 连接酶的作用下,通过连接与模板 DNA 完全互补结合的两个紧邻核酸片段,快速扩增 DNA 片段,是类似 PCR 技术的新方法。它可鉴定靶核酸中单个碱基突变。DNA 连接酶只能将与模板 DNA 链完全互补的两条毗邻寡聚核苷酸片段连接起来。但是结合在靶 DNA 的两条寡聚核苷酸链接头处若存在有一个错配则阻止连接反应的发生,因而反应结束时,就没有相应的扩增产物。这样通过 LCR 可检测基因点突变。耐热 DNA 连接酶在循环中能耐受高温保持活性。在适当的缓冲体系中,加入待测 DNA、一套寡聚核苷酸片段及耐热 DNA 连接酶,将上述反应体系加热,使模板 DNA 在高温下(94 ℃,1 min)变性、解链,然后将反应体系降至退火温度(65 ℃,2 min)使模板 DNA 与互补的寡聚核苷酸片段结合成成双链,DNA 连接酶能催化两个相邻的完全与模板 DNA 互补结合的寡核苷酸片段连接起来。如此变性、复性、连接反应反复进行,使待测 DNA 得到扩增。如果与模板 DNA 结合的两寡核苷酸接头处存在错配碱基,则不会有扩增产物的产生。扩增产物可通过聚丙烯酰胺凝胶电泳加以鉴定。

四、基因芯片技术

基因芯片技术是近年来发展起来的一项生物医学高新技术,实际上是一种反向斑点杂交技术。基因芯片(gene chip)又称 DNA 芯片(DNA chip),是指固着在固相载体上的高密度的 DNA 微点阵,即将大量靶基因或寡核苷酸片段有序地、高密度地(点与点间距小于 500 μm)排列在如硅片、玻璃片、聚丙烯或尼龙膜等载体上。代表不同检测基因的探针被固定于固相基板上,而被检测的 DNA 或 cDNA 用放射性核素或荧光物标记后与固相阵列杂交。然后通过放射自显影或激光共聚焦显微检测杂交信号的强弱和分布,再通过计算机软件处理分析,得到有关基因的表达谱。一套完整的基因芯片系统包括芯片阵列仪、激光扫描仪、计算机及生物信息软件处理系统等。

基因芯片有 3 类:即表达谱基因芯片、诊断芯片和检测芯片,前者主要用于基因功能的研究,后两者可用于遗传病、代谢病和某些病原微生物的检测。基因芯片检测的基本原理用不同组织的 mRNA 通过逆转录反应再标记上不同的荧光,然后与芯片上的 DNA 片段进行杂交、洗涤,用特有的荧光波长扫描芯片,得到这些基因在不同组织或细胞中的表达,再通过计算机分析这些基因在不同组织中表达差异的信息。

基因芯片的优点是可自动化,快速检测目的材料中成千上万个基因及其表达,被誉为遗传信息分析革命性的里程碑。基因芯片技术可用于生命科学研究的各个领域,如基因表达谱分析、基因分型、基因突变的检测、新基因的寻找、遗传作图、基因表达及调控,还可用于药物的筛选和疾病的诊断等。

第六节　定量细胞化学分析技术

前面介绍了细胞内不同成分的细胞化学定性与定位方法。然而蛋白或核酸等生物大分子在某个细胞中或细胞群体中的含量分析对了解该物质的生物学功能是十分重要的,因此下面介绍两种细胞化学的定量分析方法。

一、流式细胞术

流式细胞术(flow cytometry,FCM)是近年发展起来的新技术,其原理是将特殊处理的细胞悬液经过一细管,同时用特殊光线照射,当细胞通过时光线发生不同角度的散射,经检测器变为电讯号,再经电子计算机贮存分析后画出直方图等。这一方法每秒钟能分析 1 000～10 000个细胞。流式细胞术能进行多种细胞特征分析,包括细胞大小,胞浆的颗粒状态,细胞生长状态及所分布的细胞周期,核型倍体数与 DNA 含量,胞膜表面标记物变化及细胞内酶的含量等。

FCM 是利用流式细胞仪(flow cytometer)进行的一种对单个细胞或其他生物微粒定量分析和分选的技术,它是单克隆抗体及免疫细胞化学技术、激光和电子计算机科学等高度发展及综合利用的高技术产物。

(一) 流式细胞术测定的基本原理

流式细胞仪可分为 3 部分。①传感系统,包括样本递送系统、样品池、监测系统、电子传感器和激光源等。②电路、光路和水路系统,有电源、光源传导和滤片、鞘液(指包被细胞的液流)。③计算机系统。在氮气的压力下,包在鞘液中的细胞一个个地通过样品池,细胞的流速可达 9 m/s,当液流中的细胞在激光照射激发下,就会向各方向发散射光和荧光,同时由荧光探测器捕获荧光信号并转换成分别代表前向散射光(forward light scatter ,FSC)、侧向散射光(side scatter,SSC)、以及取决于染色的不同波长的荧光强度的电脉冲信号(荧光 1～3,FL 1～3),经计算机处理形成相应的点阵图、直方图和三维结构图像进行分析。

(二) 参数的意义

1. FSC

当一个细胞被激光照射后,散射光便散向空间的各个方向。细胞样品经染色处理后,荧光也会射向空间各个方向,但散射光在空间各个方向强弱不同,这种强度的变化就反映了物质的性质。把光检测器放在最佳位置上就会获得反映细胞不同性质的信号。激光 0°方向上有较强的衍射光。当用遮光板除去本底光的影响时,则这个方向的散射光强度反映细胞的大小和尺寸。

2. SSC

在激光 90°方向上,衍射光明显减弱,而反射、折射光成分占了主要地位。这个信息反映了细胞内颗粒物质的大小和多少。

3. 荧光参数

荧光参数也可在 90°方向上接收到信号。由于 90°方向散射光较弱,容易分离出荧光信号,但必须使用一系列的光学元件才能达到目的。

(三) 直方图、二维点图、三维图和等高图

1. 直方图

以细胞数为纵坐标,取 FSC、SSC、FL1、FL2 等参数的任意一个为横坐标,记录横坐标每个通道上的细胞数就形成单参数的直方图,流式细胞仪能测量多少参数就可输出多少直方图。

直方图上的每个峰表示某些性质相同的一群细胞。

2. 二维点图

任选 FSC、SSC、FL1～FL3 中的两个参数为 X、Y 轴,就会得到二维点图。二维点图上每个点代表一个细胞。根据细胞性质的不同,在二维点图上就会出现许多群细胞,称为亚群。

3. 三维点图与等高图

任选一个参数为 X、Y,再以细胞数为 Z 参数,就构成三维图,用不同"高度"的平面切割三维图,再把这些切割图投影到 X、Y 平面上,就形成等高图,等高图实际是二维图像,效果与二维点图相同。

（四）样品制备的基本原理

用于 FCM 的样本是单细胞悬液,可以是血液,悬浮的细胞培养液,各种体液,如胸水、腹水、脑脊液,新鲜组织的单细胞悬液,石蜡包埋组织的单细胞悬液等。样本制备的基本原则如下。①样本尽量新鲜,新鲜组织可在 -70 ℃保存,各种体液和细胞培养液可在酒精中固定。②清除杂质,根据不同的样本采用不同的方法,进行洗涤、酶消化等,使黏附的细胞彼此分离成单细胞状态。③新鲜组织样本可选用或联用酶消化法、机械打散法、化学分散法,以获得足够数量的单细胞悬液。④石蜡包埋组织应先切成 $40\sim50~\mu m$ 厚的蜡片,经二甲苯脱蜡到水后,再选用上述方法制备单细胞悬液。⑤单细胞悬液的细胞数应不少于 10^6 个。

（五）流式细胞术的应用

流式细胞仪具有精密、准确、快速、高分辨力等特点,如①其测定细胞内 DNA 的变异系数很小,一般不超过 2%。②能准确地进行 DNA 倍体分析。③能借助于荧光染料进行细胞膜和细胞内蛋白质和核酸的定量分析。④快速进行细胞分选和细胞收集,因此流式细胞术在基础医学研究和临床检测中有广泛的应用。目前主要应用在以下几方面。①细胞的免疫表型测定和定量分析,如细胞表面标志的测定,T 细胞系,CD_2^+、CD_3^+、CD_{28}^+,B 细胞系,CD_{10}^+、CD_{19}^+,NK 细胞,CD_{16}^+、CD_{56}^+,细胞因子的测定,IFN、TNF 等。②某一细胞群的筛选和细胞收集。③细胞动力学测定。④细胞耐药基因的检测。⑤癌基因和抑癌基因的检测:Bcl-2、P53 等。⑥细胞凋亡的定量研究。⑦细胞毒功能检测。⑧细胞内某些蛋白质和核酸的定量分析等。应注意的问题是单细胞悬液样本的质量直接影响 FCM 检测结果,一般而言,新鲜细胞或组织样本优于固定的组织样本。虽然流式细胞术有其独特的优点,但由于其只能对处理的单个细胞进行检测,因此不能对组织进行定位检测,如能配合定位检测,则在病理学研究中发挥更大的作用。

二、组织计量学与图像分析

诊断病理学主要依赖直观的形态描述,很少应用数学的方法进行面积、体积等的计算。近年来组织显微图像分析已用于病理与诊断研究工作中,所使用的名称较为混乱。病理学中常用的方法称之为组织计量学(histometry),是用以测量组织的面积及各种组分如细胞核、细胞浆、血管、纤维组织、骨组织形态比例的方法。而形态计量学（morphometry)则为研究各种微生物形状、大小的方法。体视学(stereology)是应用几何学方法通过二维平面计算出细胞或组织立体性质的方法。传统的组织计量学是应用组织细胞的照片、投影图像,或用目镜标线直接测量特定面积中某种组织或有形结构的面积、比例等,可以统称为图像分析(image analysis)。

近年来电子计算机的应用使组织计量学与图像分析更加准确,其操作亦更为简单方便,可以直接应用显微摄像机将组织图像显示于荧光屏上或将照片经摄像机拍摄后再显示于荧光屏上,然后在荧光屏上描绘出各种成分的形态,电子计算机则通过特定程序将其面积计算出来。组织计量学与图像分析在病理学中的应用主要可分为肿瘤性疾病及非肿瘤性疾病两大范畴。肿瘤性疾病中多用来观察肿瘤细胞核与胞浆的比例,实质细胞和血管的多少与肿瘤浸润、转移的关系等。在非肿瘤性疾病中则常用采测定小肠绒毛的面积、肺组织中纤维间质的多寡、骨及骨样组织定量、胰岛细胞增生时胰岛与胰腺外分泌腺的比值等。应用组织计量与图像分析的问题之一是组织图形的复杂与多样化,即使经数学计算等处理也很难非常精确,此外摄像机与电子计算机相联中由于摄像机的球面差而致视野中央图像与外周图像发生差异;不同的实验室应用自己设计的独立体系如设备仪器、测量所用的方法、组织的选择、切片的厚度及视野的变化规则等各有不同,因此应用时常难以进行互相间的比较,但随着这一方法技术的逐渐应用推广,其方法学将逐渐趋于规范化。

细胞显微分光光度测定技术(cell microspectrophotometry)是利用细胞内某些物质对特异光谱吸收的原理,用来测定这些物质如核酸与蛋白质等在每一个细胞内含量的一种实验技术,如 DNA 对紫外线最高吸收波长是 260 nm。也可经过特异的染色反应,如 DNA 经 Feulgen 染色反应后就可以吸收波长为 546 nm 的可见光波段,与分光光度仪测定溶液成分的方法相比,这种技术不仅可以定位,而且可以灵敏地测出一个细胞内某种成分的含量。

细胞显微分光光度测定法可分为紫外光显微分光光度测定法与可见光显微分光光度测定法。前者是利用细胞内某些物质对紫外光某波段特有的吸收曲线来测定相应物质的含量;后者则是根据某种物质特异的染色反应,然后再测定其对可见光某特定波段的吸收能力来进行对该物质的定量测定。

第七节　数字化病理及虚拟仿真技术

一、数字化病理技术

随着计算机和网络技术的快速发展,一些现代化的技术手段已逐渐应用于形态学实验教学中,如多媒体技术、显微摄影术、显微数码互动系统及数字切片扫描系统等,尤其是近年来数字切片技术的引入对病理教学模式改革及提升病理学科水平具有重要意义。

数字切片是利用全自动显微扫描系统,结合软件系统,把传统玻璃切片进行扫描、无缝拼接,生成一整张全视野的数字切片(whole slide image,WSI)。利用配套的数字切片浏览软件,对图像进行任意比例放大或缩小以及任意方向移动的浏览和分析处理,就好像在操作一台真实的光学显微镜一样,所以,也称虚拟切片(virtual slide)。数字切片不是一张完全静态的图片,它包含了玻璃切片上的所有形态和病变特征,在计算机上如同在显微镜下,能使用不同放大倍数(4、10、20 和 40 倍等)浏览和观察,并在一定倍数范围内(1×～100×)实现无级连续变倍阅片。将这些数字化的切片统一编排分类和归档,存储在大型电脑中就是数字切片库。

数字病理切片系统的应用最早始于 1985 年,20 世纪 90 年代在美国开始被应用于商业领域,从 2000 年开始在医学院校逐步取代传统显微镜。此后,美国以及全世界范围内有 50% 的医学院校都已经或正在筹备引进数字病理切片系统。数字切片扫描系统分为硬件和软件两大部分。硬件包括数字切片扫描装置和较高配置的高性能计算机,软件包括专用的扫描控制软件和图像浏览及图像分析软件。

基本原理是利用数字显微镜在低倍物镜下对玻璃切片进行逐幅扫描采集成像。显微扫描平台自动按照切片 X,Y 轴方向扫描移动,并在 Z 轴方向自动聚焦。然后,由扫描控制软件在光学放大装置有效放大的基础上利用程控扫描方式采集高分辨数字图像,内嵌的图像压缩与存储软件将图像无缝拼接处理,制作生成整张全层次的 WSI。目前市场上成熟的产品有 Leica、APERIO、Hamamatsu 全自动数字病理切片扫描仪,价格昂贵,影响到了该项技术的发展和普及。

与传统的病理切片相比,数字病理切片系统具备许多不可比拟的优势。

1. 易于保存与管理

利用其建立超大容量的数字病理切片库,保存珍贵的病理切片资料,解决了玻璃切片不易储存保管、易褪色、易损坏、易丢片掉片和切片检索困难等问题,并且实现了同一张切片可在不同地点同时被很多人浏览。

2. 方便浏览与传输

应用者可随时随地对显微切片任何区域进行不同放大倍率的浏览($2\times,4\times,10\times,20\times,40\times,100\times$),资料传输不必受到时间和空间的约束。浏览时为光学放大而非数码放大,因此不存在图像信息失真和细节不清的问题,这与普通计算机浏览图片缩放只改变图像大小而无法改变分辨率有本质的区别。

3. 为教学与远程会诊提供便利

该系统能在鼠标操纵下选择切片任意位置完成无极变倍连续缩放浏览,并提供切片全景导航,使高倍镜下的图像与低倍镜下的位置形成良好对应。还能够实现切片的定量分析和标注等后期处理。

4. 高速高效高通量

采用了先进技术的数字切片系统可达到高通量切片扫描,如北京滨松公司的系统可一次性全自动扫描 210 张切片,大大提高了工作效率。

5. 进一步提升分辨率和清晰度

在 $20\times$ 和 $40\times$ 模式下每像素均可达到 0.2 μm 的水平,并具备了图像高保真的特点。

6. 实现了荧光切片的扫描

只需要外加相应的荧光光源和更换滤光镜就能扫描荧光切片,克服了玻璃荧光切片易褪色、不宜长久保存的缺点。

二、虚拟仿真技术在病理剖检中的应用

虚拟仿真技术本质上是由虚拟现实技术和系统仿真技术演变合成而来,更多的是融合了上述二者技术的核心优势。具体来说,虚拟现实技术通过计算机接口技术,在计算机上利用三维系统软件,设计出可以让人立体感知的三维场景画面,能够实现人对画面的实时控制,并且场景画面可以根据环境中人的不同行为调整交互反应信息。近年来,随着人工智能技术的发展,虚拟仿真技术在病理剖检领域的应用得到了长足进步。

当前,澳大利亚、英国、美国等国的研究团队已相继设计、研发了一项名为 3D 虚拟解剖的前沿技术用于医学解剖的教学与科研。科学家们花费了 20 余年的时间完成了前期基础研究,

并建立了极为详尽的虚拟人体解剖切面。英国爱丁堡大学解剖学学院利用 3D 虚拟技术,已研制出了一台颇为新奇的高科技医学教学科研设备——3D 虚拟解剖台。目前,这一新型仪器设备已运用在英国爱丁堡大学解剖学学院的日常教学与科研之中。CT 扫描设备的全景扫描,可以将尸体结构以图像形式输出,从而在虚拟解剖台上呈现出与真人比例完全一致的男性或女性生理结构的详细解剖图像。通过 3D 虚拟成像技术,人体各处生理结构可以互相叠加并组成彩色 3D 影像。

对于传统解剖工作而言,尸体解剖的前期准备极为烦琐。不仅需要制定极为周密、翔实的解剖计划,还需要对尸体中的脂肪等结构予以清除。另就分层解剖而言,传统尸体解剖的效果较之于 3D 虚拟解剖逊色不少。3D 虚拟解剖技术拥有区域解剖功能,可以实现分层解剖的效果。医学生在操作时,不仅可以深入了解和掌握某一层生理结构的细节特征,亦可便于学生反映观察分层解剖的特点。前述优势使得 3D 虚拟解剖技术同时具备了"导航"功能。医学专业学生在实践操作时,可以在自主寻找的基础上对人体的某处位置予以深入解剖,并可以在重点关注的部位标记不同颜色与标签。

近年来,我国在积极推进虚拟仿真技术在医学和动物类学科的应用,尤其是在当前教学资源短缺、剖检尸体材料有限的客观条件下,虚拟仿真技术与动物病理诊断技术的结合成了大势所趋。利用虚拟仿真技术,可以对恶性传染病的病例进行虚拟现实化,也可以将珍稀动物的病例进行数字化虚拟化处理,对珍稀野生动物疾病病例进行归纳和整理。

虽然 3D 虚拟剖检技术无法等同于真实的尸体剖检。但动物医学专业学生可以应用 3D 虚拟解剖技术来开展教学和实务操作。随着人工智能的发展,虚拟仿真技术势必可以在更多的领域和方面得以运用。例如,对珍惜病例可以先通过 CT 扫描等手段进行虚拟剖检操作,提高实际操作成功程度,同时利用虚拟仿真技术可以实时记录仿真剖检的相关参数,构建病例数字档案,丰富病理剖检资料。

附　录

附录一　常用细菌形态学检查法

一、不染色标本检查法

多用于观察细菌的运动力,有鞭毛的细菌具有真正的运动力,可观察到细菌在视野中发生的位移运动。特别要注意区别细菌个体因受水分子运动的冲击而表现的布朗运动。

1. 压滴法

本法用于检查血液、脓汁、渗出液等浑浊液体检验材料。取清洁载玻片,滴一滴生理盐水于其上,然后滴上待检液体或浓稠的材料少许,混匀,盖上盖玻片(注意不要产生气泡)镜检。

2. 悬滴法

取清洁干燥的凹玻片1张,用火柴棍挑少许凡士林涂在凹窝四周。另取清洁盖玻片1张,在中央滴一小滴生理盐水或透明肉汤再用接种环取待检固体培养基少许,混于液滴中(如为液体培养物,可直接取于盖玻片中央),拿起并翻转盖玻片,使液滴向下,以其对角线垂直于凹玻片四边的位置,轻轻压在玻片的凹窝上,使盖玻片与凹窝四周的凡士林黏合,封闭凹窝,即可进行检查。亦可将凹玻片取起翻转,使凹窝正好对准盖玻片上的液滴,轻压,使凡士林粘着盖玻片封闭凹窝,然后将凹玻片连同盖玻片一起翻转,即可镜检。

3. 暗视野显微镜检查法

暗视野显微镜检查法能观察一般光学显微镜观察不到的更小的物体,即可看到 $0.1\sim$ $0.01\ \mu m$ 的微小粒子。在微生物学检验中多用于对螺旋体形态及细菌活力的观察。标本制造法同压滴法,在暗视野聚光器上滴加一大滴香柏油,然后聚光器稍下降,将标本置于镜台上,上升聚光器,使聚光器表面之油镜与载玻片接触,切勿发生气泡。转换平面反光镜,使光线集中于暗视野显微镜上,用低倍镜观察,当暗视野中有一光环出现时,移动聚光器上的调节柄,将光环移到视野中,再滴加香柏油于盖玻片上,以油镜观察。

4. 相差显微镜检查法

将相差聚光器装好,放好滤片及隔热玻片,对准光源,将压低标本放在载物台上即可观察。

二、染色标本检查法

由于细菌个体微小,无色透明,给研究细菌形态、排列、构造带来一定困难。为此,用各种染料将细菌染上各种不同颜色后,在明视野显微镜下就可清楚地看到细菌的内部、外部构造及特殊构造。根据细菌种类、构造及染色特性不同,其染色方法不同。下面介绍细菌抹片的制备及几种常用的染色方法。

1. 细菌抹片的制备

进行细菌染色之前,须先做好细菌抹片,步骤如下。①玻片准备。载玻片应清晰透明、洁净而无油渍,滴上水后,能均匀展开,附着性好。如有残余油渍可滴95%酒精2～3滴,用洁净纱布揩擦,然后在酒精灯火焰上轻轻过几次;若上法仍未能去除油渍,可再滴1～2滴冰醋酸,用纱布擦净,再在酒精灯火焰上轻轻通过。②抹片。所用材料不同,抹片方法有所不同。液体材料(如液体培养物、血液、渗出液、乳汁等)可直接用灭菌接种环取材料,于玻片的中央均匀地涂布成适当大小的薄层。不是液体材料(如菌落、脓、粪便等)则应先用灭菌接种环取少量生理盐水或蒸馏水,置于玻片中央,然后再用灭菌接种环取少量待检材料,在液滴中混合,均匀涂布成适当大小的薄层,先用镊子夹持局部,然后以灭菌或洁净剪刀取一小块,夹出后将其新鲜切面在玻片上压印或涂抹成一薄片。如有多个样品同时需要制成抹片,只要染色方法相同,亦可以在同一张玻片上有秩序地排好,作多点涂抹,或先用蜡笔在玻片上划分成若干小方格,每方格涂抹一种样品。需要保留的标本片,应贴标签,注明菌名、材料、染色方法和制片日期等。③干燥。上述涂片,应让其自然干燥。④固定。有两种固定方法:第一种为火焰固定。将干燥好的抹片涂抹面向上,以其背面在酒精灯火焰上来回通过数次,略做加热进行固定,温度以不烫手背为宜。第二种为化学固定。血液、组织脏器等抹片要用吉姆萨(Giemsa)染色,不用火焰固定,而应用甲醇固定。可将已干燥的抹片浸入甲醇中2～3 min,取出晾干;或者在抹片上滴加数滴甲醇使其作用2～3 min后,自然挥发干燥。抹片如作瑞特氏染色(Wright's stain),则不必先做特别固定,染料中含有甲醇,可以达到固定的目的。

必须注意在抹片固定过程中,实际上并不能保证杀死全部细菌,也不能完全避免在染色水洗时不将部分抹片冲脱。因此,在制备烈性病原菌,特别是带芽孢的病原菌的染色抹片时,应严格慎重处理染色用过的残液和抹片本身,以免引起病原的散播。固定好的抹片,即可进行各种方法的染色。

2. 几种常用的细菌染色方法

(1) 亚甲蓝染色法 在已干燥、固定好的抹片上,滴加适量的(足够覆盖抹片点即可)亚甲蓝染色液,经1～2 min,水洗干燥(可用吸水纸吸干或自然干燥,但不能烤干),镜检。

(2) 革兰氏染色法 在已干燥、固定好的抹片上,滴加草酸铵结晶紫染色液,经1～2 min,水洗;加革兰氏碘溶液于抹片上媒染,作用1～3 min,水洗;加95%酒精于抹片上脱色,约30秒至1 min,水洗;加稀释石炭酸复红(或沙黄水溶液)复染10～30 min,水洗;吸干或自然干燥,镜检。革兰氏阳性菌呈蓝紫色,革兰氏阴性菌呈红色。

(3) 抗酸染色法(姜-尼氏染色法) 首先在干燥、固定好的抹片上,滴加较多量的石炭酸复红染色液,在玻片下以酒精灯火焰微微加热至发生蒸气为度(不要煮沸),维持微微发生蒸气,经3～5 min,水洗;然后用3%盐酸酒精脱色,至标本无色脱出为止,充分水洗;再用碱性亚甲蓝染色液复染1 min,水洗;然后吸干,镜检。抗酸性细菌呈红色,非抗酸性细菌呈蓝色。

(4) 瑞特氏染色法 抹片自然干燥后,滴加瑞特氏染液于其上,为了避免很快变干,染色液可稍多加些,或者视情况补充滴加;经1～3 min,再加等量的中性蒸馏水或缓冲液,轻轻晃动玻片,使与染液混匀,经5 min左右,直接用水冲洗(不可先将染液倾去),吸干或烘干,镜检。

细菌染成蓝色,组织、细胞等物呈其他颜色。

（5）吉姆萨染色法　抹片经甲醇固定并干燥后,在其上滴加足量染色液或将抹片浸入盛有染色液的染缸中,染色 30 min,或染色数小时至 24 h,取出水洗,吸干或烘干,镜检。细菌呈蓝青色,组织、细胞等呈其他颜色,视野常呈红色。

（6）荚膜染色法　可用亚甲蓝染色法、瑞特氏染色法或吉姆萨染色法。荚膜呈淡红色,细菌呈蓝色。

（7）鞭毛染色法　先配制染液一(5％石炭酸溶液 10 mL;鞣酸粉末 2 g;饱和钾明矾水溶液 10 mL)和染液二(饱和结晶紫或龙胆紫酒精溶液),用时取溶液一 10 份和溶液二 1 份,此混合液能在冰箱中保存 7 个月以上。染色时,取幼年培养物做成抹片,干燥及固定后以溶液一和溶液二的混合液在室温中染色 2～3 min,水洗,干后镜检。菌体和鞭毛呈紫色。

（8）芽孢染色法　可用复红亚甲蓝染色法,抹片经火焰固定后,滴加石炭酸复红液于抹片上,加热至产生蒸气,经 2～5 min,水洗;以 5％醋酸褪色,至淡红色为止,水洗;以骆氏亚甲蓝液复染半分钟,水洗;吸干或烘干,镜检。菌体呈蓝色,芽孢呈红色。

附录二　马、牛、猪的剖检步骤

一、马的剖检步骤

（一）体表检查

观察天然孔状态,黏膜颜色、被毛光泽、体表皮肤状况等。

（二）剥皮及皮下组织检查

从颏部起沿颈腹中线至尾根切开皮肤,在四肢各做一皮肤切口与腹中线相垂直,于四肢末端环切,检查皮下血管充盈程度,脂肪颜色,以及有无水肿和出血,以及体表淋巴结的外观并切开检查切面情况。

摘出乳腺并切开检查乳腺实质的情况。

（三）腹腔脏器的剖检

1. 剖检腹腔

保持其侧卧位,于腋窝处切开腹壁,沿肋弓切至剑状软骨处。从耻骨前缘沿背侧切开腹壁,从而完全暴露腹腔。

切开腹壁时,为防划破内脏,应将刀刃插入两指间。

切开后,检查内脏位置,浆膜色泽,腹腔有无渗出液以及腹膜是否光滑等。

结肠摆正,盲肠引出体外,做微生物培养。

（注:剖开腹腔后,应先做脾脏的微生物培养工作。）

2. 摘出肠道(几处重要的结扎)

马属动物一般采取分段摘除,在小肠前做一个双重结扎,间距 15 cm 以上。在两个结扎点间切断,在直肠末端做一个单结扎,肠内容物向前、后排一下。在结扎点后方切断直肠。找到回盲韧带处结扎回肠末端摘除回肠从而将小肠全部摘除。

一人拉住肠系膜,一人拉住小肠,从而把小肠全部摘除。

检查肠系膜出血及淋巴结情况,十二指肠前段同样做一双重结扎。

3. 摘出脾脏(脾肾韧带)

4. 摘出食道

胃的贲门处摘出食道。

5. 摘出肝脏

切断镰状韧带和肝肾韧带等。

6. 摘除肾脏

肾脏前方检查肾上腺,切开检查皮质、髓质。

(四) 头部和胸腔

①切断寰枕关节,头部即切掉,准备切开颅腔。

②暴露胸腔-掀开前肢以便于剖开胸腔,切开后肢以便于进一步检查盆腔器官。切断肋软骨和从距离脊椎 10 cm 处切断肋骨,以完全暴露胸腔。

③气管环切,连同肺、心一起拉出,切断纵隔。

(五) 暴露骨盆腔

从耻骨、坐骨联合处锯断并掀除,沿骨盆腔把直肠和生殖系统一起取出。

生殖系统取出后沿阴道的腹壁剪开,剪开子宫颈口和子宫角,检查黏膜,切开检查卵巢,剪开膀胱检查其内容物及膀胱黏膜。

(1) 腹腔器官的检查

①剖开胃。从胃大弯切开胃壁,检查内容物的多少、性状以及胃黏膜的情况,从幽门处转到背侧剪开十二指肠,检查幽门及肠内容物性状。

②检查胰脏。左手握住小结肠断端,右手剥离胰腺,剪开肠系膜动脉根,并检查是否光滑。

③剖开盲肠,检查内容物及肠黏膜。

④检查结肠。马属动物常便秘,应着重检查内容物性状及黏膜。

⑤检查肾脏。测其高度、厚薄,从大弯把肾脏剖开,观察皮质厚薄,皮质和髓质比例及其颜色,取切片组织应包括皮质和髓质,放至 10% 福尔马林固定液里。

⑥检查肝脏。表面是否光滑,测长、宽、厚薄和切面以检查肝脏实质及血管,切面有无外翻,质地是否脆弱。

⑦检查脾脏。长短、厚薄,纵行切开检查皮质和髓质状态,取组织进行固定。

(2) 胸腔器官检查

①肺脏。摸一下实质有无实变,纵行切开肺脏,检查血管情况,实质以及气管的情况。

②心脏。剪开心包,检查心包液,测心脏周径,沿纵沟切开心室,检查心内膜以及心瓣膜的情况,对比左右心室,并检查下质地。

(3) 脑脊髓的剖检

①剖开颅腔在两眼眶上突后方 2 cm 连线上做一横锯线,自枕骨髁沿颅顶两侧再各锯一斜线,与横锯线相交,用骨凿分离掀开颅顶骨,脑即暴露出来。

②自枕骨大孔起,沿大脑侧剪开脑硬膜,切断12对脑神经,剥出嗅球,脑组织即可取出。切开两侧大脑半球,检查白质、灰质的比例,有无软化、出血等情况。切开检查侧脑室,检查小脑。

③检查脊椎。沿椎体两侧把椎弓锯开,暴露椎管,取出脊髓。

（4）口腔及颈部器官剖检　沿下颌支内侧切断颌舌骨肌和舌系带,拉出舌头,切断舌骨关节和软腭,然后沿颈沟切开,将舌、咽喉、气管、食道等一起拉出。

检查扁桃体,锯开鼻骨,检查鼻腔、黏膜及鼻甲骨等。

检查眼球,眼结膜以及角膜等的情况。

（5）肌肉和关节

检查关节的外形,切开关节囊,检查关节囊液、关节面、滑膜等。

检查肌束的大小、颜色、质地、出血及积液情况等。

二、牛的病理剖检步骤

1. 剥皮及皮下检查

（1）剥皮同马,乳腺做环切,奶牛采取左侧倒卧。

（2）检查乳底淋巴结,检查其大小颜色,有无出血等。

（3）检查腭外淋巴结,检查其大小颜色,有无出血等异常。

（4）检查肩前淋巴结,检查其大小颜色,有无出血等异常。

（5）检查膝底淋巴结,检查其大小颜色,有无出血等异常。

（6）切除乳腺,切离前后肢,便于检查胸、腹腔。

2. 剖检体腔

（1）剖腹　沿腹中线剖开至耻骨前缘,向背侧垂直至肷窝。沿肋骨弓切开腹壁,除去右侧腹壁,暴露腹腔。检查有无渗出液,腹膜是否光滑。

（2）暴露胸腔　去除胸壁肌肉,奶牛易发创伤性网胃炎和创伤性心包炎,从肋软骨切开,将肋骨一条一条地分离。注意胸腔有无渗出物,胸膜有无黏液。

3. 采出内脏器官及脏器的检查

（1）剥离大网膜　先剥离浅层网膜,其附着于第四胃大弯和十二指肠降部。在剥离深层网膜,其右侧附着于十二指肠降部。

（2）胃肠分段摘除

①于幽门后到十二指肠"S"状弯曲做双重结扎,切断。再于十二指肠"S"状弯曲后和十二指肠降部做结扎,因为胰管、胆管开口于此。

②直肠单结扎并剪断,分离直肠背侧联系。

③找出肠系膜动脉根,切断,将大肠和小肠一起取出。

④结扎第一胃食道（因为牛此处无括约肌）,在结扎前部剪断,以防止内容物流出,分离背部联系。

（3）检查肾脏有无肿胀　切开后,检查皮质和髓质的比例,界限是否清楚。

（4）检查髂下淋巴结　检查其大小颜色,有无出血等异常。

（5）检查心脏　提起心包,剪开心包膜。于心基部剪断血管,摘除心脏,沿纵沟切开两侧心腔。

（6）检查肺脏　做横切、纵切,检查质度,以及切面结构。见气管,支气管,小叶间质均正常。

（7）分离脾脏 切断脾胃韧带,纵切,检查有无异常。

（8）检查胃脏(沿胃大弯切开四个胃)

①检查第四胃有无胃线虫寄生,有无出血性炎症。

②检查第三胃有无阻塞。

③检查第二胃有无大异物,有无创伤性网胃炎,见异物穿透胃壁。

④检查第一胃内容物多少,有无腐败,黏膜有无剥脱,水肿。

（9）检查肠系膜淋巴结 检查大小,切面,皮质和髓质结构。

（10）检查肝脏

①切开肝脏淋巴结,检查皮质、髓质是否清楚,肝表面是否光滑。

②做微生物检查,切片镜检(包括正常和病变组织)。

③切开肝脏,检查切面血液含量,胆管扩张程度,有无吸虫。

（11）检查胆囊 剪开胆囊,检查胆汁含量多少和性质。

三、猪的病理剖检步骤

（一）准备及调查

首先了解发病经过,临床症状以及防疫等方面的情况。

（二）体表检查

检查眼结膜,全身皮肤和黏膜,四肢末端和耳部皮肤。

（三）剥皮及皮下组织检查

剖开皮肤方法同马、牛等大动物,从颌下、胸部、腹下做一垂直线切开皮肤一直到会阴部。

一边剥皮一边检查皮下情况;猪的剖检一般采取背卧姿势,为使其平躺应在剥皮的同时割断四肢肌肉以使四肢肌肉平伸以支撑猪的身体。

检查体表淋巴结,股前、颌下和颈浅淋巴结,切开后观察有无出血。

（四）剖开腹腔

从胸骨柄处向后做一垂直切线,切开腹壁,沿肋骨弓把一侧腹壁掀开,检查腹膜情况。

（五）检查胸腔

从胸骨和软肋骨间切断,切断横膈以及心尖部的纵隔。

检查胸腔和心囊腔。

（六）摘除及检查内脏

先把胃的胃膈韧带分离,切断食管、脾肾韧带,然后把肠道北侧的联系切断向后拉,到直肠处把粪便推移后剪断,从而摘下整个胃肠道。

剪断肝脏各处韧带以摘除肝脏,剪断横膈,剪断颌舌骨肌,拉出舌头,切断软腭和纵隔,摘除肺和心,剪开咽头,检查食道情况。

检查肺脏。

检查心外膜,纵沟、冠状沟、心房等,沿纵沟剪开心室,检查瓣膜以及心内膜情况。

检查肾脏,切开肾脏,检查被膜,注意是否容易剥离,剪开输尿管,检查黏膜,剖开膀胱,检查黏膜表面。

检查肝脏和胆囊。

检查脾脏,切开看切面。

检查胰腺。

消化系统检查,剖开胃,沿胃大弯剪开,检查胃底黏膜,幽门黏膜,贲门处,胃门淋巴结,沿肠系膜剥离十二指肠,检查肠系膜淋巴结,沿肠系膜分离小肠,剪开回肠检查黏膜,剪开盲肠壁,剪开结肠,检查黏膜。检查直肠黏膜。

剖开颅腔,首先切开头部皮肤,于两侧眼眶上突之间横锯开顶骨,再在两侧后面从枕骨大孔后与前面横锯交叉锯开两侧,掀开头盖骨,剪断硬脑膜,切断十二对脑神经,取出脑组织检查,纵行切开,检查侧脑室有无扩张积液。

附录三　免疫组织化学染色程序及步骤

一、实验材料和试剂

(1) 脱蜡剂:二甲苯。

(2) 无水乙醇,95%酒精,80%酒精,75%酒精。

(3) 3%过氧化氢。

(4) 1×PBS 缓冲液(36 mmol/L Na_2HPO_4,14 mmol/L NaH_2PO_4,150 mmol/L NaCl,溶解至 dd H_2O 中,并调节 pH 为 7.4)。

(5) 10 mmol/L 柠檬酸缓冲液(称取 2.1 g 柠檬酸-水合物 (sigma,c-7129),溶于 800 mL 的 ddH_2O 中,用 2N NaOH 调节 pH 至 6,使总体积为 1 000 mL;或配制成 10×的缓冲液)。

(6) 山羊血清,马血清(用 1×PBS 以 1∶20 比例进行稀释)。

(7) 第一抗体。

(8) 生物素标记的抗兔 IgG(Vectastain,Pk6101;用 PBS 以 1∶400 的比例进行稀释)或抗鼠 IgG(Vectastain,Pk6102;用 PBS 以 1∶100 的比例进行稀释)。

(9) 亲和素-生物素-过氧化物酶复合物(ABC 复合物,1∶80),配制方法如下。

亲和素	5 μL
过氧化物酶标记的生物素	5 μL
PBS 缓冲液	390 μL

(10) 亲和素/生物素阻断试剂(选用)。

试剂盒:DAKO,生物素封闭系统,货号 X0590

　　　　Vector 亲和素/生物素阻断试剂盒,货号 SP-2001

(11) DAB 显色液(现用现配,避光保存)。

PBS 缓冲液	200 mL
DAB(二氨基联苯胺)	100 mg

或 30％ H$_2$O$_2$ 100 μL(使用前添加)

或 8％ 氯化镍   1 mL(使用前添加)

（12）苏木素(Richard-Allan scientific,货号：7231)或使用甲基绿(4 g＋200 mL ddH$_2$O)(含氯化镍)染色时间为 5～10 min。

（13）封片剂：中性树胶或 Cytoseal 60(Richard-Allen scientific,货号：8310-4)。

二、实验步骤

1. 脱蜡和水化

按照以下顺序进行。

脱蜡剂(二甲苯Ⅰ)	5 min
脱蜡剂(二甲苯Ⅱ)	5 min
脱蜡剂(二甲苯Ⅲ)	5 min
100％酒精 Ⅰ	3 min
100％酒精 Ⅱ	3 min
100％酒精 Ⅲ	2 min
95％酒精	3 min
80％酒精	3 min
75％酒精	3 min
ddH$_2$O	1 min

2. 抗原修复

配制修复所用的缓冲液(10×的缓冲液可以用 ddH$_2$O 稀释至 1×工作液)可以选择以下两种方法中的任意一种。

（1）将组织切片浸于 1×修复缓冲液中,使用微波炉的高功率加热 10 min。

（2）将组织切片浸于 1×修复缓冲液中,蒸汽 95 ℃加热 20 min,盖子勿拧紧。

以上两种方法加热完之后,均需要使载玻片在修复液中自然冷却(约 25 min),然后用 ddH$_2$O 快速冲洗 2 遍。

3. 封闭

（1）将载玻片放入 3％过氧化氢溶液中静置 10～15 min。

（2）用 ddH$_2$O 冲洗 3 次。

（3）用 1×PBS 清洗 5 min,洗的过程中可以轻轻晃动。

（4）吸干组织周围多余的液体,用组化笔在组织周围画圈。

（5）用 ddH$_2$O 浸湿的纸巾铺于湿盒中。

（6）亲和素/生物素封闭(选做,提高特异性)。

①用 Avidin D 溶液孵育 15 min。

②用 1×PBS 简单冲洗后,吸干组织周围多余的液体。

③用生物素溶液孵育 15 min。

④用 1×PBS 洗 5 min。

（7）山羊血清,马血清用 1×PBS 以 1∶20 的比例进行稀释。

（8）吸干组织周围多余的液体,将载玻片放于湿盒中,滴加稀释过的血清,盖满组织即可,室温孵育 1 h。

4. 孵育一抗和二抗

（1）将一抗用抗体稀释液按 1∶2 000 稀释。

（2）吸干组织周围的血清，不洗。

（3）将稀释好的一抗滴加在组织上，确保组织完全被覆盖。

（4）湿盒中室温孵育 1 h。

（5）二抗来源于 Vectastain 试剂盒中。

①生物素标记的抗兔 IgG（用 1×PBS 以 1∶400 稀释）或抗鼠 IgG（用 1×PBS 以 1∶100 稀释）。

②亲和素-生物素复合物（ABC，1∶80），使用前必须在室温放置至少 30 min。

③将上述试剂提前准备好。

（6）将载玻片从湿盒中取出，用 PBS 洗 3 次，每次 5 min，之后吸干组织周围的液体。

（7）将稀释好的生物素标记的抗兔 IgG/抗鼠 IgG 滴加在组织上，覆盖即可，湿盒中室温孵育 1 h（此时可提前取出 ABC 混合物，室温放置）。

（8）孵育完之后用 PBS 洗 3 次，每次 5 min。

（9）吸干组织周围的液体，将提前放于室温的 ABC 混合物滴加在组织上，覆盖即可，湿盒中室温孵育 1 h。

（10）孵育完之后用 PBS 洗 3 次，每次 5 min。

（11）将 DAB 显色液（不含镍）滴加在组织上，作用 5～10 min，期间需在显微镜下仔细观察，当颜色变为棕色时，可终止显色。

（12）用自来水冲洗 2 次，每次 2 min（可使用温和的自来水）。

（13）苏木精复染核 5～10 min；或使用甲基绿（含氯化镍）复染 5～10 min；期间需在显微镜下观察染色效果。

（14）返蓝　将载玻片置于自来水中冲洗直到部分核呈蓝色或自来水完全澄清。

（15）脱水与透明　按照以下顺序进行。

75％酒精	3 min
80％酒精	1 min
95％酒精	1 min
100％酒精 Ⅰ	1 min
100％酒精 Ⅱ	1 min
100％酒精 Ⅲ	1 min
二甲苯 Ⅰ	3 min
二甲苯 Ⅱ	3 min
二甲苯 Ⅲ	3 min

注：甲基绿复染后脱水时间不能太久，70％酒精 1 min→95％酒精Ⅰ 1 min→95％酒精Ⅱ 1 min→100％酒精Ⅰ 1 min →100％酒精Ⅱ 1 min→二甲苯Ⅰ 3 min→二甲苯Ⅱ 3 min→二甲苯Ⅲ 3 min。

（16）立即用封片剂进行封片，封片时避免组织变干，注意不要有气泡。

附录四　蛋白印迹试验的基本操作

一、实验试剂和器材

（1）转移缓冲液　48 mmol/L tris；39 mmol/L glycine；3 mmol/L SDS；20％甲醇；考马氏亮蓝。

（2）封闭液　pH 7.0 PBS；10％小牛血清。

（3）洗液　pH 7.2 PBS；0.05％Tween 20。

（4）稀释液　pH 7.2 PBS；0.05％Tween 20；5％脱脂奶。

（5）一抗　针对××抗原蛋白的单克隆抗体，按一定的比例（1∶1 000）稀释后使用。

酶标抗鼠 IgG 辣根过氧化物酶标记的抗小鼠 IgG 抗体，1∶10 000 使用浓度，硝酸纤维素膜，厚滤纸，半干转移槽，转移用电泳仪等。

二、操作步骤

（1）将 SDS-PAGE 电泳后的聚丙烯酰胺凝胶置于转移缓冲液中平衡 20～60 min。

（2）将硝酸纤维素膜和滤纸切出和凝胶一样大小，置转移缓冲液中湿润 5～10 min。

（3）按照以下顺序放置滤纸、凝胶和硝酸纤维素膜到阴极板上：湿润的厚滤纸、已经平衡的聚丙烯酰胺凝胶、湿润的硝酸纤维素膜、湿润的厚滤纸。每层之间的气泡要全部去除，可以用一根 10 mL 吸管轻轻在上一层滚动去除气泡。

（4）盖好阳极电极板。

（5）根据凝胶的大小和厚薄设定电压和转移时间，一般小胶可用 10～15 V/30～15 min，大胶用 15～25 V/60～30 min。

（6）转移完毕后，取出硝酸纤维素膜和聚丙烯酰胺凝胶，将硝酸纤维素膜置于一有盖塑料盒内，加入含 10％小牛血清的 PBS，室温封闭 1 h。将凝胶用考马氏亮蓝染色，检查凝胶上的蛋白是否转移完全。

（7）吸去大部分封闭液，留能够完全盖住硝酸纤维素膜的液体在盒内，加入一抗至终浓度为 1∶1 000，室温孵育 1 h。

（8）用洗液室温漂洗硝酸纤维素膜 6 遍。

（9）吸去残留洗液，加入同稀释液 1∶10 000 稀释的 HRP 标记的抗鼠 IgG，加入的量能够完全盖住硝酸纤维素膜即可，室温孵育 1 h。

（10）洗液室温漂洗硝酸纤维素膜 6 遍。

（11）加入底物液，室温显色。

（12）待显色完全后，用蒸馏水冲洗硝酸纤维素膜，终止显色反应。

附录五　原位杂交实验步骤

一、原位杂交实验步骤

（1）切片脱蜡入水（冰冻切片先用多聚甲醛固定）。

（2）PBS（0.1 mol/L）洗涤　5 min，2 次（RNA 杂交用 DEPC—处理的水洗涤）。

（3）0.1 N HCl　10 min。

（4）PBS 洗涤　3 min，2 次。

（5）蛋白酶 K 消化　10 μg/mL，37 ℃，15 min。

（6）多聚甲醛固定　10～15 min。

（7）PBS 洗涤　5 min，2 次。

（8）消毒三蒸水洗涤。

（9）梯度乙醇脱水。

（10）预杂交　加 50～100 μL/片预杂交液，放入湿盒（探测靶 DNA 需 65 ℃变性 10 min）放置 42 ℃，2 h。

（11）杂交　吸弃预杂液，加含探针的杂交液（15～20 μL/片），加盖片，置湿盒中 65 ℃变性 10 min，42 ℃过夜。

（12）杂交后冲洗　2×SSC 中去盖片，可用 RNase（10 μg/mL）消化 10 min。用含 50％甲酰胺，0.5％～1％（V/V）TritonX-100 的 2×SSC，42 ℃，15 min，1×SSC，0.1％SDS 洗涤，42 ℃，15 min，0.2×SSC，0.1％ SDS，42 ℃，15～45 min（监测）。

（13）含 0.3 mol/L 醋酸胺的梯度乙醇脱水。

（14）干燥后，暗室中涂乳胶。

（15）乳胶干燥后，入暗盒，4 ℃曝光 3～7 d，冲洗后，HE 复染，观察结果。

二、原位杂交—免疫组织化学实验步骤

（1）于上述原位杂交第 12 步以后，用 H_2O_2 处理 5 min。

（2）2×SSC 洗 3 min。

（3）正常动物血清封闭。

（4）一抗。

（5）下接 PAP 法或 ABC 法。

注：每一步骤后的洗涤均可用 2×SSC，代替 PBS。

附录六　石蜡包埋组织 DNA 的提取和 PCR 扩增

所有刀具，离心管和加样器头必须干净及紫外线消毒 20 min。

所有液体必须三蒸水配制，高压消毒。

（1）一次性刀片或紫外线消毒刀具，切 10 μm 蜡膜 0.5～1.0 cm^2 放入 1.5 mL 离心管。

（2）加二甲苯 1 mL，2 h，重复 3 次（每次均需离心弃上清液）。

（3）100％、95％、75％乙醇各 2 次，每次 10 min（每次均需离心弃上清）。

（4）加 150 μL 蛋白酶 K 缓冲液（10 mmol/L Tris，pH 7.4；10 mmol/L NaCl；25 mmol/L EDTA；0.5％ SDS）1 h，离心弃上清液。

（5）加蛋白酶 K 缓冲液 150 μL，75 ℃，10 min，冷却后加蛋白酶 K 3 μL（10 mg/mL）。

（6）37 ℃消化过夜，次日，如管中仍可见组织，则加蛋白酶 K 2 μL，55 ℃，2 h。

（7）97 ℃水浴 10 min。

（8）加 6 mol/L NaCl 40 μL，混匀后，14 000 r/min 离心 5 min。

（9）移上清液至一新离心管中。

（10）加 500 μL 无水乙醇，混匀后，−20 ℃过夜。

（11）14 000 r/min，4 ℃离心 20 min，弃上清液。

（12）轻轻用 200 μL 75％乙醇洗沉淀 2 次。

（13）充分吸弃乙醇，室温干燥 15 min。

（14）20 μL 0.5×TE 溶解沉淀。

（15）4 ℃保存。

在 50 μL 体积中，PCR 扩增标准体系：

成分	储藏浓度	工作浓度	实际用量
dNTP	2.5 mmol/L	200 μmol/L	4 μL
缓冲液	10×	1×	5 μL
模板 DNA			0.5～1 μL
引物	5 mmol/L	100 pmol/L	1 μL
三蒸水			38 μL
TaqDNA 聚合酶		0.5 U/管	1 μL

对石蜡包埋组织中提取的 DNA 扩增时，应将 Mg^+ 离子浓度提高至 2.5～3.5 mmol/L。分别在 95 ℃、55 ℃、72 ℃循环扩增 30 次。

适当浓度琼脂糖凝胶电泳，溴乙锭染色，紫外线下观察结果。

参考文献

1. B. W. 卡尔尼克. 禽病学[M]. 10 版. 高福, 苏敬良, 译. 北京: 中国农业出版社, 1999.

2. 鲍锦库. 植物凝集素的功能[J]. 生命科学, 2011, 23(06): 533-540.

3. 贾长恩, 李叔庚. 组织化学[M]. 北京: 人民卫生出版社, 2001.

4. 蔡完其, 孙佩芳. 罗非鱼温和气单胞菌病的病原研究和药敏实验[J]. 中国水产科学, 2002, 9(3): 243-246.

5. 陈啸梅. 组织化学手册[M]. 北京: 人民卫生出版社, 1982.

6. 陈主初. 病理生理学[M]. 北京: 人民卫生出版社, 2001.

7. 崔玉芳, 杜雪梅, 孙启鸿. 从机体免疫系统损伤看严重急性呼吸综合征发病机制[J]. 科学技术与工程, 2003, 3(3): 205-206.

8. 杜卓民. 实用组织学技术[M]. 北京: 人民卫生出版社, 1998.

9. D. O. 怀特, F. J. 芬纳. 医用病毒学[M]. 郑志明等, 译. 北京: 科学出版社, 1990.

10. 甘孟候. 中国禽病学[M]. 北京: 中国农业出版社, 1999.

11. 高得仪. 犬猫疾病学[M]. 2 版. 北京: 中国农业大学出版社, 2001.

12. 高齐瑜, 余锐萍, 王保强, 等. 大熊猫动脉粥样硬化病理形态观察[J]. 畜牧兽医学报, 1995, 26(1): 76-79.

13. 高齐瑜, 余锐萍. 比较医学[M]. 北京: 中国农业大学出版社, 1994.

14. 龚志锦, 詹榕洲. 病理组织制片和染色技术[M]. 上海: 上海科学技术出版社, 1994.

15. G. W. 贝兰. 人畜共患病毒性疾病[M], 北京: 人民军医出版社, 1985.

16. 胡野, 林志强, 单小云. 细胞凋亡的分子医学[M]. 北京: 军事医学科学出版社, 2001.

17. 黄恭情. 野生动物疾病与防治[M]. 北京: 中国林业出版社, 2001.

18. Jeffrey J. Zimmermam, Locke A. karriker, Alejandro Ramirez. 猪病学[M]. 8 版. 赵德明, 张中秋, 沈建忠, 译. 北京: 中国农业大学出版社, 2000.

19. 江泊. 细胞凋亡基础与临床[M]. 北京: 北京人民军医出版社, 1998.

20. 江苏农学院等. 家畜病理学[M]. 上海: 上海科技出版社, 1979.

21. 今井清, 夏本真, 任进. 图解毒性病理学[M]. 昆明: 云南科技出版社, 2006.

22. 鞠学萍. 不同的抗原修复方法在免疫组化染色中的应用[J]. 中国卫生标准管理 2015 (14): 186-187.

23. 孔繁瑶. 家畜寄生虫学[M]. 2 版. 北京: 中国农业大学出版社, 2000.

24. 冷静, 冯一中. 病理学[M]. 北京: 科学出版社, 2001.

25. 李甘地.组织病理技术[M].北京:人民卫生出版社,2002.

26. 李梦东.实用传染病学[M].北京:人民卫生出版社,1998.

27. 李培元,郑星道,包俊珊,等.牛病学[M].长春:吉林人民出版社,1984.

28. 李普霖.食用动物疾病病理学:上册[M].长春:吉林科技出版社,1989.

29. 凌起波.实用病理特殊染色和组化技术[M].广州:广东教育出版社,1989.

30. 刘介眉.病理组织染色的理论方法和应用[M].北京:人民卫生出版社,1985.

31. 刘金华,佘锐萍,彭开松.罗非鱼嗜水气单胞菌的分离鉴定[J].中国预防兽医学报,1999,
    21(5):329-330.

32. 刘彤华.诊断病理学[M].北京:人民卫生出版社,1995.

33. 刘增辉.病理染色技术[M].北京:人民卫生出版社,2000.

34. 刘子君.骨关节病理学[M].北京:人民卫生出版社,1996.

35. 陆承平.兽医微生物学[M].北京:中国农业出版社,2001.

36. 潘耀谦,苏维萍.动物卫生病理学[M].太原:山西科技出版社,1994.

37. 彭开松,佘锐萍.彩虹鲷致病性运动气单胞菌的分离鉴定与药敏试验[C].北京国际动物检
    疫检验技术研讨会论文集,科学出版社,2003,133-137.

38. 彭开松,佘锐萍.淡水水产动物无公害生产与消费[M].北京:中国农业出版社,2003.

39. 蒲阳,程安春,汪铭书.免疫组化技术在病原微生物检测中的应用[J].黑龙江畜牧兽医,
    2008(5):20-21.

40. 钱利生.医学微生物学[M].上海:上海医科大学出版社,2000.

41. 乔慧理,佘锐萍,李其智,等.串珠镰刀菌素对小型猪心脏功能的影响[J].中国兽医杂志,
    1993,19(4):3-6.

42. R.G.汤姆逊.普通兽医病理学[M].朱宣人等,译.北京:农业出版社,1984.

43. 芮菊生.组织切片技术[M].北京:人民教育出版社,1980.

44. 佘锐萍,乔慧理.串珠镰刀菌素对小型猪心脏功能的影响超微病理学观察[J].中国兽医杂
    志,1993,19(5):8-10.

45. 佘锐萍.动物产品卫生检验[M].北京:中国农业大学出版社,2001.

46. 佘锐萍.养猪场兽医手册[M].北京:中国农业出版社,1998.

47. 史志成.动物毒物学[M].北京:中国农业出版社,2001.

48. 宋继蔼.病理学[M].北京:科学出版社,2000.

49. 宋今丹.医学细胞生物学[M].北京:人民卫生出版社,1993.

50. 宋亚贵,王万德,杨盛华,等.892例人腹泻病毒病原的电镜快速诊断及应用[J].细胞与分
    子免疫学杂志,1997(1),65-67.

51. 唐朝枢.病理生理学[M].北京:北京医科大学出版社,2002.

52. 汪世昌.家畜外科学[M].北京:中国农业出版社,1996.

53. 王伯沄.病理学技术[M].北京:人民卫生出版社,2000.

54. 王翠娥,吴小红,李金凤,等.用免疫组化法检测感染乳鼠组织和培养细胞中的SARS病原
    体[J].科学技术与工程,2003,3(3):201-204.

55. 王建辰,曹光荣.羊病学[M].北京:中国农业出版社,2002.

56. 魏文汉.病理生理学[M].上海:上海科技出版社,1984.

57. 吴清民. 兽医传染病学[M]. 北京:中国农业大学出版社,2002.

58. 武忠弼. 病理学[M]. 3 版. 北京:人民卫生出版社,1998.

59. 徐为燕. 兽医病毒学[M]. 北京:农业出版社,1992.

60. 宣长和,任凤兰,孙福先. 猪病学[M]. 北京:中国农业科技出版社,1996.

61. 杨光华. 病理学[M]. 5 版. 北京:人民卫生出版社,2001.

62. 杨怀环. 常见人畜共患传染病[M]. 北京:农业出版社,1998.

63. 杨惠铃,潘景轩,吴伟康. 高级病理生理学[M]. 北京:科学出版社,2000.

64. 殷国荣. 医学寄生虫学[M]. 北京:科学出版社,2004.

65. 殷震,刘景华. 动物病毒学[M]. 北京:科学出版社,1997.

66. 余丽君,姜亚芳. 病理生理学[M]. 北京:中国协和医科大学出版社,2001.

67. 翟中和,王喜中,丁明孝. 细胞生物学[M]. 北京:高等教育出版社,2000.

68. 张荣臻. 家畜病理学:下册[M]. 2 版. 北京:农业出版社,1990.

69. 张西臣. 动物寄生虫病学[M]. 长春:吉林人民出版社,2001.

70. 张彦明,佘锐萍. 动物性食品卫生学[M],北京,中国农业出版社. 2002.

71. 张彦明,邹世平. 人兽共患病[M]. 西安:西北大学出版社,1994.

72. 张哲,陈辉. 实用病理组织染色技术[M]. 沈阳:辽宁科学技术出版社,1988.

73. 郑国倡. 细胞生物学[M]. 北京:高等教育出版社,1982.

74. 中国农业科学院哈尔滨兽医研究所. 动物传染病学[M]. 北京:中国农业出版社,1998.

75. 左仰贤. 人兽共患寄生虫学[M]. 北京:科学出版社,1997.

76. Ann R Falsey,Edward E Walsh. Novel Coronavirus and Severe Acute Respiratory Syndrome[J]. Lancet,2003(361)9366:1312-1313.

77. Christian Drosten,Stephan Günther,Wolfgang Preiser,et al. , Identification of a Novel Coronavirus in Patients with Severe Acute Respiratory Syndrome[J]. New England Journal of Medicine,2003,348(20):1967-1976.

78. David Greenwood, Richard Slack, John Peutherer. Medical Microbiology[M]. 北京:科学出版社,1999.

79. David M. Knipe, Peter M. Howley:Fields Virology [M]. New York:Lippincott Williams and Wilkins,2001.

80. Jeffree G M. Enzymes in fibroblastic lesions[J]. J Bone Joint Surg 54B, 1972.

81. Kenneth W. Tsang,Pak L. Ho. ,Gaik C. Ooi,et al. A Cluster of Cases of Severe Acute Respiratory Syndrome in HongKong[J]. New England Journal of Medicine,2003,348(20):1977-1985.

82. Nakatani H, Nakamura K, Yamamoto Y, et al. Epidemiology, pathology, and immunohistochemistry of layer hens naturally affected with H5N1 highly pathogenic avian influenza in Japan[J]. Avian Dis,2005;49(3):436-441.

83. OIE. Nipah:Disease in peninsular Malaysia. Detection of virus reactors[J]. Disease Information,2000,13(25).

84. OlE. Nipah :Disease in peninsular Malaysia. Disease Information,1999,12(20).

85. OlE. Nipah Disease in peninsular Malaysia. Continuation of the surveillance programe.

Disease Information,2000,13(12).

86. Thomas Carlyle Jones,Ronald Duncan Hunt,Norval William King. Veterinary Pathology[M]. 6th ed. New York:Lippincott Willams and Wilkins,1997.

87. Thomas G. Ksiazek, Erdman, Cynthia Goldsmith, et al. A Novel Coronavirus Associated with Severe Acute Respiratory Syndrome [J]. New England Journal of Medicine, 2003,348(20):1953-1966.

88. T. C. Jones, R. D Hunt, N. W. King. Veterinary Pathology. [M]. 6th ed. New York: Lippincott Williams and Wilkins, 1997, 970:696-697.

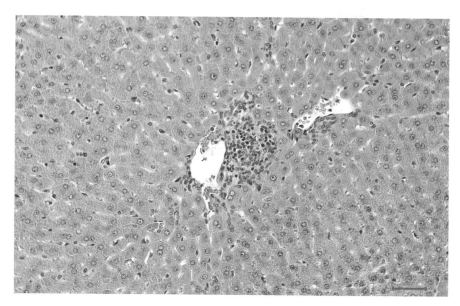

彩图 1　兔肝脏中央静脉区炎性灶（刘天龙）

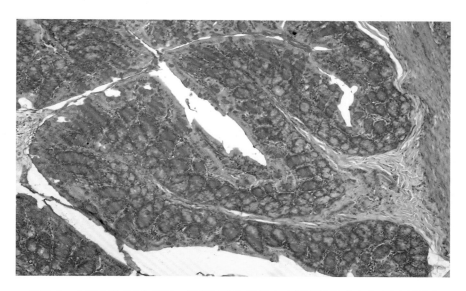

彩图 2　大鼠小肠 PAS 反应，杯状细胞和肠腺上皮呈阳性反应（↑）（佘锐萍）

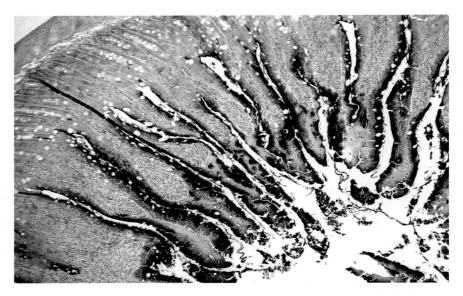

彩图 3　大鼠小肠碱性磷酸酶染色　黏膜上皮表面呈阳性反应（↑）（佘锐萍）

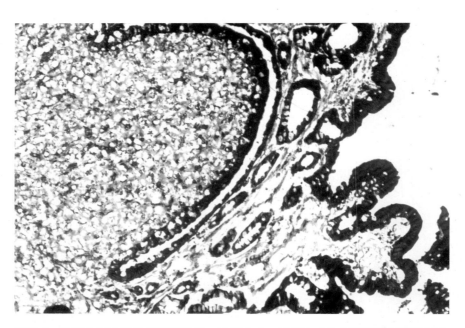

彩图 4　兔圆小囊非特异性酯酶染色　黏膜上皮、圆顶上皮和巨噬细胞呈阳性反应（↑）（佘锐萍）

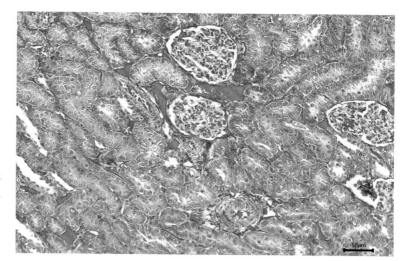

彩图5　兔肾脏，胶原纤维呈蓝色，肌纤维、纤维素呈红色（刘天龙）

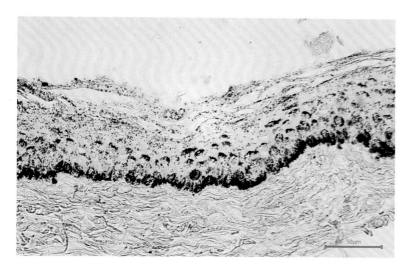

彩图6　豚鼠黄褐斑皮肤，黑色素沉着（刘天龙）

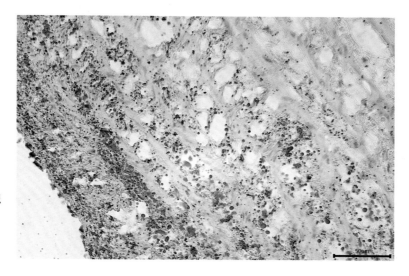

彩图7　鸡主动脉脂肪滴沉积于血管中膜（刘天龙）

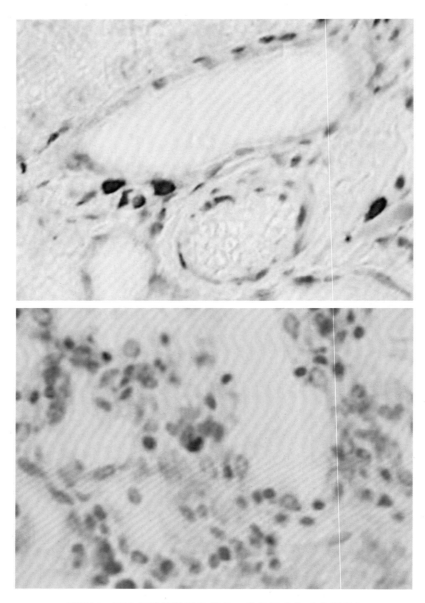

彩图 8　肥大细胞颗粒呈红紫色，胞核呈蓝色（佘锐萍）

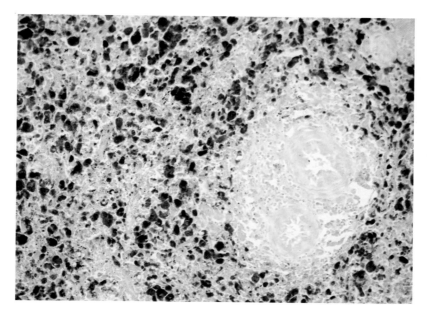

彩图 9　普鲁士蓝染色，含铁血黄素呈蓝色（佘锐萍）

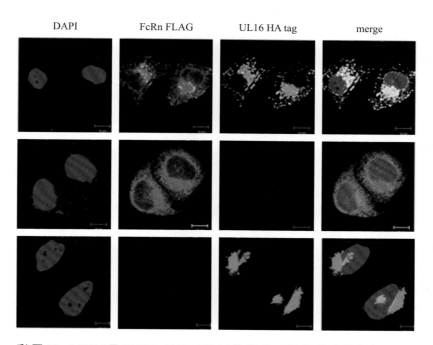

彩图 10　LSCM 显示 Hela-FcRn-UL16 共定位，细胞核（蓝色），FcRn
（红色）UL16（绿色）（汤金）

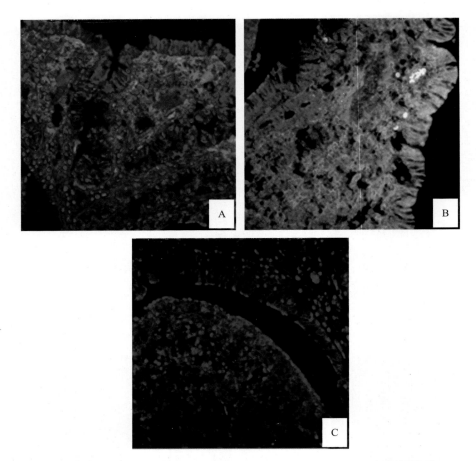

彩图 11　活体结扎兔圆小囊组织中 HCMV 和 HEV ORF2 抗原双重免疫荧光共定位，A 图显示 HCMV（红色）和细胞核（蓝色），B 图显示 HCMV 和 HEV 双感染组，标记红色荧光的 HCMV 抗原阳性信号，标记绿色荧光的 HEV ORF2 抗原阳性信号显现，C 图为未感染组只显示蓝色荧光（汤金）